# 含瓦斯煤岩破坏失稳力学作用机理及其应用

彭守建　许　江　尹光志　冯　丹　著

国家重点基础研究发展计划(973 计划)项目(2011CB201203)
国家重大科技专项项目(2011ZX05034-004)
国家自然科学基金重点项目(514340003)
国家自然科学基金资助项目(51304255、51474040)
重庆市基础与前沿研究计划重点项目(cstc2013jjB90001)

U0310310

科学出版社

北　京

# 内 容 简 介

　　本书系统介绍含瓦斯煤岩破坏失稳力学作用机理及其在工程中的应用。全书共6章。第1章总结和评述含瓦斯煤岩多场耦合破坏失稳相关领域的研究进展；第2章研究煤储层孔裂隙结构特征及瓦斯赋存状态；第3章研究含瓦斯煤岩破坏过程中热流固耦合作用机理；第4章研究含瓦斯煤岩剪切变形破坏过程及其损伤演化规律；第5章研究不同应力条件下煤与瓦斯突出破坏失稳过程；第6章研究含瓦斯煤岩体稳定性分析的强度和能量判据及其在煤与瓦斯突出区域预测中的应用。

　　本书可供采矿工程、安全技术及工程、岩土工程等相关领域的科研人员使用，也可作为高等院校相关专业研究生和本科生的教学参考书。

**图书在版编目（CIP）数据**

含瓦斯煤岩破坏失稳力学作用机理及其应用/彭守建等著.—北京：科学出版社，2016.3
　　ISBN 978-7-03-047901-3

　　Ⅰ.①含⋯　Ⅱ.①彭⋯　Ⅲ.①瓦斯煤层-煤岩-岩石破裂-断裂力学-研究　Ⅳ.①TD712

中国版本图书馆 CIP 数据核字（2016）第 058334 号

责任编辑：牛宇锋 / 责任校对：桂伟利
责任印制：张　倩 / 封面设计：陈　敬

科学出版社 出版
北京东黄城根北街 16 号
邮政编码：100717
http://www.sciencep.com

三河市骏杰印刷有限公司 印刷
科学出版社发行　各地新华书店经销
*
2016 年 3 月第　一　版　　开本：720×1000 1/16
2016 年 3 月第一次印刷　　印张：13 1/2
字数：260 000
定价：120.00 元
（如有印装质量问题，我社负责调换）

# 前　言

　　煤与瓦斯突出严重威胁着我国煤矿的安全生产和矿工的生命安全,由于灾害影响因素众多,其发生机理及探测预防技术一直是我国煤矿安全研究领域的重点和难点。随着煤矿开采往深部发展,煤与瓦斯突出事故发生频率提高,突出强度增大,人员伤亡更为惨重,给煤矿安全生产造成了阴影。对于煤与瓦斯突出的机制,学者们虽然提出了众多假说,但对煤与瓦斯突出启动条件、发展过程及主控因素仍难以达成共识,导致对煤与瓦斯突出研究还远未达到机理清晰、规律明确的程度。特别是深部煤层赋存环境十分复杂,地压大、瓦斯压力高、地温影响日渐突出,加上我国煤层普遍存在渗透率低的特点,深部复杂地质条件下的煤与瓦斯突出动力学演化及其控制还有待于深入研究。

　　从综合作用假说的观点来看,煤与瓦斯突出是地应力、瓦斯及煤的物理力学性质等因素综合作用下发生的灾变行为,可以从力学角度解释为流固耦合作用下的含瓦斯煤岩体破坏失稳的问题。本书研究内容正是为了深入认识煤岩体与瓦斯气体之间的耦合特征及相互作用机理,并针对随采矿活动向深部发展而带来的高地应力、高瓦斯压力、低渗透煤体不易抽采煤层瓦斯且易发生煤与瓦斯突出灾害等重大工程实际和理论问题而提出的。目前,国内外在含瓦斯煤岩的力学破坏特征和变形演化规律、煤层瓦斯运移规律及煤与瓦斯突出发生机理方面已有不少研究成果,但是多场耦合作用下的含瓦斯煤岩力学破坏过程中的渗流规律、含瓦斯煤岩抗剪性能的宏、细观演化规律等研究成果却较少,煤与瓦斯突出过程中的失稳破坏力学作用机理尚待深入研究。因此,本书在对含瓦斯煤岩基本物理力学性质、含瓦斯煤岩变形破坏过程中的渗流特性、含瓦斯煤岩剪切面裂纹宏细观演化规律、不同应力条件下的煤与瓦斯突出演化特征等进行实验研究的基础上,探讨含瓦斯煤岩流固耦合效应下的失稳破坏力学作用机理。

　　全书共 6 章。第 1 章结合本书主要研究内容,对煤与瓦斯突出发生机理、煤层瓦斯赋存状态及其吸附解吸特性、含瓦斯煤岩三轴压缩力学及破坏特性、含瓦斯煤岩固气耦合渗流试验及理论、含瓦斯煤岩剪切破坏裂纹宏细观演化规律、煤与瓦斯突出破坏失稳过程模拟试验等方面的研究成果进行总结和评述。第 2 章分析突出煤岩原生孔裂隙结构特征,并利用 HCA 型高压容量法吸附装置对其吸附瓦斯特性进行试验研究,得到不同温度下的等温吸附曲线及吸附常数 $a$、$b$ 值随温度的变化规律;在此基础上,提出瓦斯源失稳概念,并对煤储层瓦斯源失稳状态进行分析。第 3 章介绍自主研发的含瓦斯煤岩热流固耦合三轴伺服渗流装置。该装置为开展含瓦斯煤岩破坏过程中的热流固耦合效应研究提供了有力的试验手段,利用该装置开展较为系统的含瓦斯煤岩三轴压缩全应力应变过程中的力学特性及渗流特性试验,探讨含瓦斯煤岩破坏过程中应力-瓦斯-温度耦合作用机理,并推导完全理想约束条件下瓦斯吸附膨胀应力及热膨胀应力的计算公式。通过考虑其对含瓦斯煤岩有效应力的影响,进而对 Drucker-Prager 强度准则进行修正,修正后的含瓦斯煤岩强度准则能较好地反映出不同条件下型煤及原煤试件在三轴压缩应力状态下的峰值强度特征。同时建立考虑煤基质收缩效应及热膨胀效应的煤储层渗透率模型,并通过实验所测渗透率数据对其实用性及合理性进行了验证。结果表明,考虑基质收缩效应及热膨胀效应影响的渗透率模型曲线能够较好地反映实测渗透率的变化趋势。第 4 章介绍自主研制的含瓦斯煤岩细观剪切试验装置,提出含瓦斯煤岩细观剪切试验方法,并依此进行不同瓦斯压力、不同加载速率、不同正应力条件下的含瓦斯煤岩剪切试验,揭示剪切面裂纹的时空演化规律及其断裂力学机理,建立剪切面裂纹分形维数与断裂耗散能之间的关系方程。第 5 章通过不同垂直应力、不同水平应力、不同集中应力条件下煤与瓦斯突出破坏失稳过程模拟试验研究含瓦斯煤岩破坏失稳演化过程及其动力效应,获得含瓦斯煤岩破坏失稳演化过程中瓦斯压力、煤体温度、突出强度、孔洞形态和突出煤样分布等变化规律。第 6 章基于煤基质吸附瓦斯膨胀效应及热膨胀效应,修正煤与瓦斯突出危险性区域预测的强度判据及能量判据,并结合矿区三维地应力场数值模拟分析,将其应用于重庆三汇一矿 $K_1$ 煤层的煤与瓦斯突出区域预测的实际工程中,预测结果与实际情况较为吻合。

针对煤与瓦斯突出发生机理及其控制理论,国内外学者们已开展了大量的试验及理论研究,并取得了丰硕的成果,本书研究内容只是在前人研究的基础上对该研究领域进行了一点补充和延伸。随着采矿活动往深部发展,有关深部煤与瓦斯突出发生机理及其控制理论方面的研究仍然还有很长路要走,需要继续与同行专家一起努力,共同为实现煤与瓦斯安全高效共采奋斗。

最后,感谢各基金项目对本书研究工作的资助,感谢重庆大学煤矿灾害动力学与控制国家重点实验室及复杂煤气层瓦斯抽采国家地方联合工程实验室所提供的大力支持和帮助!

由于作者的水平有限,书中难免存在不足之处,敬请读者朋友批评指正。

作　者

2015 年 10 月于重庆大学

# 目　　录

# 第1章 绪 论

## 1.1 研究背景及意义

煤与瓦斯突出是煤矿生产中遇到的一种极其复杂的矿井瓦斯动力现象。它能在极短的时间内,由煤体向巷道或采场空间抛出大量的煤炭,并喷出大量的瓦斯,不仅会造成人员伤亡,还会造成国家财产损失[1]。据史料记载,自1834年在法国鲁阿雷煤田阿克矿井发生第一次煤与瓦斯突出灾害以来,先后在前苏联、中国、法国、波兰、日本、英国等19个国家和地区发生过煤与瓦斯突出事故。据不完全统计,迄今为止发生煤与瓦斯突出的总数已多达4万余次,其中最大一次煤与瓦斯突出灾害发生在1969年苏联的顿巴斯煤矿,其突出煤(岩)量达$1.42\times10^4$ t,瓦斯涌出量达$25\times10^4$ m³,造成众多人员伤亡,资产损失严重[1~5]。

我国是产煤大国之一,煤炭占全部能源消费中的70%以上,同时我国也是世界上煤与瓦斯突出最严重的国家之一。据不完全统计,已经发生的煤与瓦斯突出事故中强度在千吨以上的特大型突出达100余次,最大突出煤岩约$1.3\times10^4$ t,涌出瓦斯$140\times10^4$ m³。另外,煤与瓦斯突出也是我国各种矿难中死伤人数最多和财产损失最大的灾害,据1981~1999年近20年的统计资料表明,每产百万吨煤炭平均死亡6~715人,每年平均死亡5000~7000人,其中因煤与瓦斯突出灾害导致死亡的始终保持在每年平均死亡2400~2500人的水平。新中国成立60余年来,我国煤矿发生一次死亡100人以上特别重大矿难14起,死亡2300余人,其中与煤与瓦斯突出灾害相关的就占了10起。可见,煤与瓦斯突出灾害已成为我国煤矿安全生产中的"头号杀手"[6~8],严重威胁着我国煤矿的安全生产。

煤与瓦斯突出发生的突然性和危险性,使得直接观测突出的发生和发展过程极为困难。因而,目前对煤与瓦斯突出的研究只是根据突出统计资料、突出后的现场观测并辅助采用实验室模拟的方法得以认识,所以对突出机理存在许多不同的假说。总体上,可归结为单因素假说和综合作用假说。单因素假说主要包括以瓦斯为主的假说、以地压为主的假说和化学本质假说。综合假说则认为,突出是地压、包含在煤体中的瓦斯、煤的物理力学性质、煤的微观结构、宏观结构、煤层构造及煤的自重力等因素综合作用的结果。目前,综合作用假说得到了大多数学者的认同[9],成为煤与瓦斯突出研究的理论基础。但是,不同的学者对瓦斯和地应力在突出发生中所起的作用认识却存在分歧,还没有形成统一的认识。因此,综合开展对地下煤体所处地应力环境、瓦斯在煤体介质中的分布以及煤的物理力学特性等方面深入系统的研究对于进一步认识煤与瓦斯突出发生机理及防治煤与瓦斯突出灾害是十分重要的。

　　从综合作用假说的观点来看,煤与瓦斯突出实际上可以从力学角度解释为流固耦合作用下的含瓦斯煤岩体破坏失稳的问题。本书研究内容正是为了深入认识煤岩体与瓦斯气体之间的耦合特征及相互作用机理,并针对随采矿活动向深部发展而带来的高地应力、高瓦斯压力、低渗透煤体不易抽采煤层瓦斯且易发生煤与瓦斯突出灾害等重大工程实际和理论问题而提出的。目前,国内外在含瓦斯煤岩的力学破坏特征和变形演化规律、煤层瓦斯运移规律及煤与瓦斯突出发生机理方面已有不少研究成果,但是多场耦合作用下的含瓦斯煤岩力学破坏过程中的渗流规律、含瓦斯煤岩抗剪性能的宏细观演化规律等研究成果却较少,加上以前的突出试验装置功能较为简单、所考虑的突出影响因素也较为单一等情况,煤与瓦斯突出发生机理尚待深入探讨。因此,在对含瓦斯煤岩基本物理力学性质、含瓦斯煤岩变形破坏过程中的渗流特性、含瓦斯煤岩剪切面裂纹宏细观演化规律、不同应力条件下的煤与瓦斯突出特征等进行实验研究的基础上,探讨含瓦斯煤岩流固耦合效应下的破坏失稳力学作用机理,对进一步认识煤与瓦斯突出发生机理及防治煤与瓦斯突出灾害的发生不仅具有重要的工程指导意义,也具有较高的理论研究价值。

## 1.2　研究现状评述

　　结合本书拟研究的内容,主要介绍煤与瓦斯突出发生机理、煤层瓦斯赋存状态及其吸附解吸特性、含瓦斯煤岩破坏过程流固耦合特性、煤岩剪切变形破坏宏细观演化规律、煤与瓦斯突出过程模拟试验等方面的研究进展。

### 1.2.1　煤与瓦斯突出机理研究进展

　　煤与瓦斯突出是发生在煤矿生产中的一种极其复杂的地质动力现象,它能在极短的时间内由煤体向巷道或采场突出大量煤炭并涌出大量瓦斯,造成巨大动力效应,是严重威胁煤矿安全生产的地质灾害。鉴于此,许多国家对煤与瓦斯突出发生机理研究都很重视,在考虑突出机理的复杂性及突出现象的多样性情况下,建立了煤与瓦斯突出发生机理的多种假说,取得了一定成果。

　　国外关于煤与瓦斯突出发生机理的认识可归为四种观点[10]:地应力假说(这类假说认为突出的主要因素和能源是地应力,而瓦斯是次要因素。突出的发生是由于积聚在煤层周围岩石的弹性变形潜能所引起的);瓦斯作用假说(这类假说强调瓦斯是突出的主要能源,高压瓦斯突破煤壁,携带碎煤猛烈喷出,形成突出);化学本质假说(认为突出是由于煤在很大的深度内变质时发生的化学反应而引起的)

和综合作用假说(认为煤与瓦斯突出是由于地应力、瓦斯及煤的物理力学性质这三种主要因素综合作用的结果。围岩中不均匀分布的地应力、高的瓦斯压力和低透气性、变形、破坏的松软煤体是产生突出的有利条件)。

我国学者根据现场资料和试验研究对突出机理也进行了探讨[11]，提出了新的见解和观点，特别是近几年随着研究的深入及新技术手段的应用，产生了许多新认识。目前已能对突出发生的原因、条件、能量来源作出定性的解释和近似的定量计算，为防治措施选择及效果检验提供理论依据。概括起来主要有以下几方面：中心扩张学说、流变假说、二相流体假说、固流耦合失稳理论及球壳失稳观点。

中心扩张学说[12]认为煤与瓦斯突出是从离工作面某一距离处的中心开始，之后向周围扩展，由发动中心周围的煤-岩石-瓦斯体系提供能量并参与活动。在煤与瓦斯突出地点，地应力、瓦斯压力、煤体结构和煤质是不均匀的，突出发动中心就处在应力集中点，煤体的低透气性有助于建立大的瓦斯压力梯度。

流变假说[13]认为煤与瓦斯突出是含瓦斯煤岩在采动影响后地应力与孔隙瓦斯气体耦合的一种流变过程。在突出的准备阶段，含瓦斯煤岩发生蠕变破坏形成裂隙网，之后瓦斯能量冲垮破坏的煤体发生突出。煤与瓦斯突出流变假说运用流变的观点分析突出过程含瓦斯煤岩在应力和孔隙气体作用下的时间和空间过程，给突出综合指标的建立创造了条件，可以较好地阐明煤与瓦斯突出发生机理。

二相流体假说[14]认为突出的本质是在突出中形成了煤粒和瓦斯的二相流体。二相流体受压积蓄能量，卸压膨胀放出能量，冲破阻碍区形成突出，强调突出的动力源是压缩积蓄、卸压膨胀能量，而不是煤岩弹性能。该机理是在前人工作基础上的一个发展，需要利用实验模型等手段进行实验验证。

固流耦合失稳理论[15]认为突出是含瓦斯煤岩在采掘活动影响下，局部发生迅速、突然破坏而生成的现象。采深和瓦斯压力的增加都将使突出发生的危险性增加。该理论建立在煤岩破坏机理的基础上，煤岩破坏过程是其内部裂纹发生发展起主导作用的过程，因而固流耦合失稳理论可为利用煤体微破裂信息预报突出的技术提供理论依据。

球壳失稳观点[16]认为突出实质是地应力破坏煤体、煤体释放瓦斯、瓦斯使煤体裂隙扩张并使形成的煤壳失稳破坏的过程。煤体的破坏以球盖状煤壳的形成、扩展及失稳抛出为主要特点。这种观点对于解释突出孔洞的形状及形成过程很有帮助。

此外，中国科学院力学研究所郑哲敏等[17,18]从力学角度对突出过程做了大量的研究工作并提出了突出破坏过程及瓦斯渗流的机制方程。

综上所述，国内外学者多是从理论上对煤与瓦斯突出发生机理进行了探讨，研究成果对现场的一些现象给予了解释，但是，不同的学者对瓦斯和地应力在突出发生中所起的作用认识却存在分歧，没有统一的认识。因此，本书拟从试验研究的角度,结合理论分析,对煤与瓦斯突出发生机理作进一步的研究。

### 1.2.2 煤层瓦斯赋存状态及其吸附解吸特性研究进展

多数研究者认为,瓦斯以游离、吸附和吸收状态存在于煤层的孔裂隙中,游离态的瓦斯服从气体定律,而吸附态的瓦斯不服从气体定律,吸收态的瓦斯进入煤的分子团中,被煤分子吸收,与煤分子合为一体。固体表面的吸附作用可以分为物理吸附和化学吸附两种类型,煤对瓦斯的吸附作用是物理吸附,是瓦斯分子和碳分子间相互吸引的结果。在被吸附瓦斯中,通常又将进入煤体内部的瓦斯称为吸收瓦斯,把附着在煤体表面的瓦斯称为吸附瓦斯,吸收瓦斯和附着瓦斯统称为吸附瓦斯。在煤层赋存的瓦斯量中,通常吸附瓦斯量占 $80\%\sim90\%$,游离瓦斯占 $10\%\sim20\%$,在吸附瓦斯中又以煤体表面吸着的瓦斯量占多数。

在煤体中,吸附瓦斯和游离瓦斯在外界不变的条件下处于动态平衡状态,吸附状态的瓦斯分子和游离状态的瓦斯分子处于不断交换之中;当外界的瓦斯压力和温度发生变化或给予冲击和振荡、影响了分子的能量时,则会破坏其平衡,而产生新的平衡状态。因此,有关研究者认为,由于瓦斯吸附分子和游离分子是在不断交换之中,在瓦斯缓慢的运移过程中,不存在游离瓦斯易放散、吸附瓦斯不易放散的问题;在突出过程的短暂时间内,游离瓦斯会首先放散,然后吸附瓦斯迅速加以补充。

另外,对于影响煤层瓦斯赋存因素的研究上,有学者从煤体结构、地球物理场(主要指地电场、地应力场和地温场)及地质学的观点作了分析探讨。然而不可否认的是,目前对瓦斯赋存状态的看法仍然存在一些分歧[19],如煤矿瓦斯赋存状态及各状态转化之间的关系;煤的组成结构与瓦斯各赋存状态分布之间的联系;外界物理因素的改变对煤结构的影响及对瓦斯各赋存状态间相互转化程度的影响。

煤是一种复杂的多孔介质,是天然吸附剂,其中直径在 $10^{-6}$ cm 以下的微孔,由于其内表面积占表面积的 $97.3\%$,可以高达 $200m^2/g$,具有很大的比表面积,从而决定了煤的吸附容积。瓦斯以吸附和游离态存在煤体中,研究煤与瓦斯的吸附和解吸规律,对于煤与瓦斯突出预测,煤层瓦斯运移机理及其开发利用等都有现实意义。

对于煤作为吸附剂,研究者们主要开展了以下几个方面的工作:①不同变质程度煤的吸附性能的评价;②对影响煤吸附性能的因素的考察;③煤的瓦斯吸附解吸特性与矿井煤与瓦斯突出关系的探讨。

对于不同变质程度煤的吸附性能评价方面的研究,多数学者[20]是从化学的角度展开的。Ettinge 指出,煤对瓦斯的吸附容量随煤的变质程度增高而增大。吴俊等的研究结果则表明,煤的气体吸附容量与煤挥发分的关系呈凹型曲线,并在 $V_{daf}=23\%\sim28\%$ 之间有一极小值,这一现象与煤的比表面积变化有关。邱介山等观察到煤的比表面积在 $V_{daf}=20\%\sim30\%$ 有一最小值。钟玲文等用镜质组含量高于60%的九个煤样进行实验,结果发现碳含量为 $75\%\sim87\%$ 时,煤的吸附能力逐渐降低;而碳含量在 $87.0\%\sim93.4\%$ 时,煤的吸附能力又逐渐上升;但当碳含量大于 $93.4\%$ 时,却急剧下降。煤炭科学研究总院重庆研究院也通过对煤样解吸瓦斯速度和容量的测定,总结出了它们的变化规律。

有关煤层瓦斯吸附动力学规律的研究,前人已提出过许多经验公式和扩散模型、渗透模型来计算瓦斯的吸附量。这些公式中的待定常数少,较为实用,也被用作煤与瓦斯突出的预防指标。它们的共同特点是 $Q|_{t=0}=0$,但对实测数据的拟合并不十分令人满意,一些在初始阶段 $(t<1h)$ 能符合实验观测值,一些则在 $t$ 趋近无穷时适用。在国内,王恩元等[21]对瓦斯气体在煤体中的吸附过程及其动力学机理进行分析的研究表明,吸附过程是吸附、扩散、渗透和解吸并存的动态过程,直到吸附平衡为止。陈昌国等[22]用容量法测定了甲烷在煤中的吸附(解吸)容量及其随时间的变化关系,提出了吸附(解吸)-扩散控制模型。结果表明,这一模型可以解释不同煤种在变温、变压时吸附与解吸甲烷的动力学过程。

在对影响煤吸附性能的因素研究方面,学者们主要研究了温度、外载荷、电磁场等的影响。如梁冰[23]通过实验研究了不同温度、不同瓦斯压力情况下,煤的瓦斯吸附性能的变化规律,得出了当温度、瓦斯压力变化时,煤的瓦斯吸附曲线以及吸附常数随温度变化的数学关系式。刘保县等[24]研究了地球物理场对煤吸附瓦斯特性的影响,重点探讨了在交变电场作用下煤的吸附特性,他们利用容量法对三种不同煤样在交变电场作用下的吸附特性进行了实验研究。结果表明:交变电场的作用,并没有改变煤表面的化学性质和物质成分,煤的吸附和解吸仍很好地遵从朗缪尔(Langmuir)方程和二常数经验公式,并且由于交变电场作用使煤的表面势能增大和焦耳热效应使煤体温度增高,从而减弱了煤的吸附能力,减缓了解吸过程。何学秋等[25]利用外加电磁场,对不同破坏类型煤瓦斯吸附放散的电磁效应进行了实验研究。研究表明,瓦斯吸附放散电磁效应是升温效应和表面势阱效应共同作用的结果,外加电磁场可以降低煤对瓦斯的吸附能力,增加瓦斯放散速度。

在煤的瓦斯吸附解吸特性同矿井煤与瓦斯突出关系的探讨方面,研究者普遍认为[26~29],在引起突出发生的诸多因素中,瓦斯吸附是一个重要因素。瓦斯从煤层释放取决于瓦斯的压力状态,吸附于煤的骨架上的瓦斯是以扩散形式从吸附态向自由态运移。突出过程中溢出的瓦斯量的主要部分是由解吸附的瓦斯组成的,突出过程中释放的瓦斯气体内能的数量级是由解吸附控制的。高压情况下瓦斯解吸附速率小,在低压情况下瓦斯解吸附速率大。此外,在煤与瓦斯突出预测中,钻孔瓦斯放散初速度也是其中指标之一。

### 1.2.3 含瓦斯煤岩三轴压缩力学及破坏特性研究进展

煤与瓦斯突出机制的研究表明,煤与瓦斯突出是地应力、瓦斯压力及煤岩体在瓦斯作用下所体现出来的物理力学性质三因素综合作用的结果。所以,深入研究含瓦斯煤岩的力学性质对认识煤与瓦斯突出发生机制具有十分重要的理论意义和实用价值。国内外学者在这方面取得了大量研究成果。

在国外,Evans 等[30]早在 20 世纪 60 年代就开展了煤的压缩强度的实验研究。Hobbs[31]、Bieniawaski[32]和 Atkinson 等[33]也相继研究了煤的强度及三轴压缩状态下的应力-应变规律。Ettinger 等[34]和 Tankard[35]采用坚固性系数测定法研究了瓦斯介质条件下煤的强度性质,得出吸附瓦斯降低了煤样强度的结论。White[36]在柔性试验机上用三轴测定装置研究了不同围压下煤样的变形规律。氏平增之(うじひらぞうしん)[37]在围压不变的情况下做了不同氮气孔隙压力的三轴压缩试验,研究了孔隙压力与煤体强度的关系。

我国众多学者也开展了大量的研究工作。王佑安等[38]采用斜压模剪切法测定了含瓦斯煤岩的抗剪强度,实验结果表明含瓦斯煤岩的强度降低达 60% 以上。周世宁、林伯泉等[39,40]对含瓦斯煤岩的力学特性、渗透特性和蠕变特性进行了系统的研究,着重提出了瓦斯气体压力、煤体吸附性、煤体变质程度以及孔隙率与煤体变形之间的关系。姚宇平[41]研究了瓦斯压力、气体种类及围压对煤强度和变形的影响,指出强度的降低和变形的改变是游离瓦斯和吸附瓦斯共同作用的结果。鲜学福[42]、许江等[43]对单一煤岩、复合煤岩和充瓦斯煤岩的强度、变形和破坏特征,以及含瓦斯煤岩在三轴应力状态下的变形特性及其强度特征等作了系统的研究,并提出了含瓦斯煤岩的本构方程和强度判据,以及煤岩潜在的应变能密度。尹光志等[44,45]对脆性煤岩在加、卸荷应力途径下变形及破坏特征以及煤岩的变形失稳理论进行了研究,并对含瓦斯型煤和原煤两种煤样的变形及强度特性进行了对比分析,指出型煤煤样和原煤煤样的变形特性和抗压强度具有规律上的共性,只是其力学参数存在显著差异。章梦涛等[46]对煤岩体变形与瓦斯渗流耦合进行了系统研究,指出煤与瓦斯突出是在瓦斯和应力共同作用下,煤岩介质在变形破裂过程中,当变形平衡状态处于非稳定状态时,在外界扰动下发生动力失稳过程。梁冰等[47~51]通过不同围压、不同孔隙瓦斯压力下的煤的三轴压缩试验结果,阐述了瓦斯对煤体的力学变形性质及力学响应的影响,并对低渗透煤岩的固流耦合特性进行了研究。赵阳升[52,53]对煤岩体变形和瓦斯渗流相互作用进行了试验研究,获得了含瓦斯煤岩的有效应力规律、煤体渗透率变化规律和煤体-瓦斯力学模型等理论研究成果。唐春安等[54,55]、徐涛等[56,57]对煤岩破裂过程固气耦合数值试验进行了系统的研究,实现了对含瓦斯煤岩破坏的全过程分析。李树刚等[58,59]、卢平等[60]对软煤样全应力应变过程的渗透系数与应变的关系进行了相关研究。

综上所述,国内外学者所做的工作对研究含瓦斯煤岩的固-气耦合作用机制,深入认识煤与瓦斯突出发生机理等具有重要的指导意义,但在含瓦斯煤岩热力耦合作用及渗流过程中的变形破坏特性等方面还有待于进一步的进行研究。

### 1.2.4 含瓦斯煤岩固气耦合渗流理论及试验研究进展

煤层在开采过程中,随着回采工作面的推进,煤层的应力状态随周围环境发生变化,煤体的内部孔隙-裂隙结构也随之发生改变,从而使煤岩体中的瓦斯赋存和流动条件也相应地发生变化。这一系列因素的影响,使煤层瓦斯的运移变得非常复杂,其对煤与瓦斯突出的影响不容忽视。近年来,煤层变形和瓦斯运移的耦合问题研究也成为煤储层研究领域的重点和热点。

煤储层渗透率是研究煤层瓦斯渗流特性及运移规律的重要物性参数之一,其与煤层孔裂隙发育特征、地质构造、地应力状态、瓦斯压力、地温、煤基质的收缩效应、煤层埋深、煤体结构及地电场等密切相关。煤层渗透率的大小对瓦斯赋存及瓦斯压力的分布等起着重要的作用,而煤与瓦斯突出又与瓦斯的排放和压力的分布有着重要的联系。因此,研究煤储层渗透率的演化规律,对于完善瓦斯流动理论和防治瓦斯灾害有着重要的意义。

20 世纪 90 年代以来,国外一些学者,如 Gash 等[61]、Puri 等[62]、Harpalani 等[63]分别研究了煤储层割理孔隙率、绝对渗透率及相渗透率等参数特征、相互关系及围压、储层压力、割理频率、煤基质收缩率等因素对它们的影响,取得了大量数据和定量、半定量成果,且形成了一系列实验室分析测试技术。Palmer 和 Mansoori[64]从理论上推导出了应力和孔隙压力与渗透率的关系(称之为 P&M 理论),并提出了反弹孔隙压力的概念及其表达式。分析指出,当基质收缩足够大时,随着孔隙压力降低,绝对渗透率会出现反弹现象(渗透率由原先的逐渐降低到逐渐上升),反弹压力与煤体的弹性模量,以及基质收缩常数有关。Mavor 等[65]报道了美国 San Juan 盆地水果地储层的现场绝对渗透率以及产能的最近动态,利用实测数据验证了"基质收缩理论"的正确性。Levine 等[66]曾用类似于朗缪尔方程的形式描述过煤基块的吸附应变。

在国内,20 世纪 80 年代,中国矿业大学的周世宁等[67]较早地利用自制的煤样瓦斯渗透试验装置研究了含瓦斯煤岩在围压不变的前提下,孔隙压力和渗透率以及孔隙压力和煤样变形间的关系,同时还研究了在孔隙压力一定的条件下,渗透率和围压以及煤样变形间的关系,得出了在围压不变的前提下,孔隙压力和渗透率以及煤样变形值间的关系基本上服从指数方程。在孔隙压力不变条件下,加载时,煤体的渗透率与载荷间的关系可用负指数方程表示,而卸载时,可用幂函数方程表示。进入 20 世纪 90 年代,彭担任等[68]又研制了 STCY-80 型煤与岩石渗透率测定仪,对煤系地层各种岩性试样的渗透率进行了研究。20 世纪 90 年代以来,重庆大学鲜学福教授领导的学术团队[69~72]利用自制的渗流装置,先后对煤样在不同应力状态下、不同电场下、不同温度下及变形过程中的渗透率进行了研究,得出了煤样渗透率与有效应力、温度和电场强度等之间的关系。1996 年,山西矿业学院(现太原理工大学)胡耀青等[73]研制了"煤岩渗透试验机"与"三轴应力渗透仪",进行了三维应力作用下煤体瓦斯渗透规律的实验研究,得出了煤体瓦斯渗透系数随体积应力增加而衰减,随孔隙压呈抛物线型变化的结论。2001年,中国科学院渗流流体力学研究所刘建军等[74]利用自制实验设备,以低渗透多孔介质为研究对象,通过实验得出孔隙率、渗透率随有效压力变化的曲线,其研究表明,流体在低渗透多孔介质中渗流时,流固耦合效应十分显著。这是因为低渗透多孔介质的孔隙很小,而孔隙率的微小变化,都会对渗透率产生大的影响,因此低渗透介质的渗透率随有效应力的变化十分明显。2006年,辽宁工程技术大学唐巨鹏等[75]自制了三轴瓦斯渗透仪,通过先加载后卸载,连续进行煤层瓦斯解吸渗流试验,模拟了煤层瓦斯在复杂地应力条件下的赋存和运移开采过程,得到了有效应力与煤层瓦斯解吸和渗流特性间的关系。2008年,煤炭科学研究总院重庆研究院隆清明等[76]自行研制"瓦斯渗透仪",进行了孔隙气压对煤体渗透性影响的实验研究,阐述了可控孔隙气压下煤渗透性实验的方法与过程。研究表明,煤的渗透率随孔隙气压增大而减小的特性是由孔隙气压变化引起滑脱效应和孔隙结构本身变化所致。同年,煤炭科学研究总院彭永伟等[77]利用一种夹持装置,通过试验研究了不同尺度煤样在围压加、卸载条件下的渗透率变化,对试验结果进行非线性拟合分析,得出煤样的渗透率与围压之间存在负指数关系,以及煤样渗透率对围压敏感性存在尺度效应。

经过国内外学者近百年的研究,目前已建立了煤层瓦斯在煤储层中宏观运移的渗流理论,以及微观运移的扩散理论,建立了考虑煤层的均质变形-渗流耦合迁移理论模型[78,79]、越流模型[80]、裂隙介质的变形-渗流理论[81,82],以及考虑Klingberg效应吸附层的渗流模型[83]。但制约煤层瓦斯迁移的瓶颈区域,即纳米尺度或微米尺度的孔隙结构与煤层瓦斯微观赋存与运移特征,煤层瓦斯的细观运移机理与理论,以及宏细观转换理论却几乎没有相关报道。关于煤储层改造的增渗、强化解吸的各种物理、化学、力学作用下的煤层瓦斯细观运移的研究则更少,对应的宏观的成煤热解、煤层瓦斯迁移与煤层瓦斯富集区形成理论,煤层开采扰动应力场作用下的煤层瓦斯的迁移理论,以及煤矿开采中的瓦斯突出、爆炸、涌出等各种致灾理论也很少研究。

此外,在地面排水降压抽采煤层瓦斯的过程中,随着水气介质的排出,一方面煤储层内流体压力降低,有效应力增大,孔裂隙被压缩,渗透率降低;另一方面煤基质收缩,孔裂隙空间被扩大,渗透率增大[84,85]。这种正负效应在煤层瓦斯抽采活动中同时发生,其综合作用效果是煤层瓦斯持续开发和经济评价所要考虑的重要因素之一。

在煤层瓦斯抽采过程中,随着气水介质的排出,煤基质发生收缩,收缩效应引起的渗透率增量随流体压力的减小而成对数形式增大。Reucrofft等[86]认为"从中等变质程度的烟煤开始,煤吸附 $CO_2$ 的膨胀性降低",与 Thomas[87]、Levin[88] 等用 $CO_2$ 实测的煤比表面积随煤级的增加而减少的结果相吻合。傅雪海等[84] 指出,在瘦煤至无烟煤阶段,随煤级的增高,地应力与煤基质综合效应导致煤储层渗透率在排采过程中逐渐从增高变化为降低,尤其是在无烟煤阶段,随着煤层瓦斯的解吸与采出,煤储层渗透率持续减小。

陈金刚等[89] 以实验为基础,得出煤基质收缩能力与不同应力环境的关系,对不同强度煤储层的渗透性在采动过程中的变化状况进行预测,进而对不同开采阶段的煤层瓦斯产能进行预测。Cui 等[90] 从基质收缩(膨胀)、有效应力、渗透率三者之间的变化拟合关系,研究了不同煤级煤在煤层瓦斯解吸过程中煤储层的渗透率随基质收缩和有效应力变化的关系,并探讨了深部煤层瓦斯开采的渗透率问题。Wang 等[91] 建立了三轴应力下煤基质收缩/膨胀的数学模型。Pan 等[92] 建立了煤的多元气体吸附、解吸引起煤基块的膨胀或收缩的理论模型。傅雪海[84] 研究成果揭示,我国煤储层束缚水含量普遍偏高,气水双相渗流区域狭窄,相渗平衡点处的相渗透率低;煤基质收缩效应引起的气相渗透率(干煤样,绝对渗透率)增量随煤级的增高呈指数形式减少,随流体压力的降低呈对数形式增大。Jahediesfanjani 等[93] 建立了非平衡多组分三相吸附模型,模拟了吸附过程中煤-水-气三相介质间的耦合关系。而储层含水条件下煤基质的收缩作用、吸附/解吸特性与干煤样有极大不同,目前研究对于多相介质煤基质的收缩机理(吸附)及储层条件下的气相渗透率与煤基质收缩特性和有效应力效应之间的耦合特征及机理尚未系统触及。

综上所述,国内外一些研究者尽管在煤储层渗透率试验和煤基质收缩作用方面进行过一些有益探索,但许多理论及煤层瓦斯高效开发机制问题仍有待于深入探讨与揭示。

### 1.2.5 含瓦斯煤岩剪切破断裂纹宏细观演化规律研究进展

研究表明,煤与瓦斯突出是在内外营力循环作用下煤体产生剪切破坏并失稳所致,因此深入开展含瓦斯煤岩剪切面裂纹的宏细观演化规律研究,对于评定煤岩体的应力状态,揭示煤岩体变形及破坏机理,预防煤与瓦斯突出的发生等均有着积极的意义。

在剪切试验条件下材料变形破坏特性的研究方面,目前国内外大多数学者是针对岩石材料展开的。在国外,Lajtai[94] 认为在整个剪切断裂过程中,首先萌生一组倾斜的拉裂纹,随着应力的增加,这些拉裂纹相互贯通,然后形成一个贯穿的剪切面导致了最终的剪切断裂或破坏。Jaeger[95]、Plesha[96] 等对新鲜岩石节理面进行了循环剪切试验,试验结果表明,第 1 次剪切试验时,试样具有很高的抗剪强度,沿同一方向重复进行到第 7 次剪切试验时,试样还保留峰值强度和残余强度的区别,当进行到第 15 次时,已看不出明显的峰值和残余值。Jing 等[97] 用复制的天然岩石节理试样进行一系列的循环剪切试验。试验结果表明,随着剪切变形的积累,岩石节理表面的粗糙度明显降低,岩石节理的强度下降。Wong 等[98]用含两条平行预制裂纹的天然岩块和石膏模型进行了一系列直剪试验,认为岩石的抗剪强度在很大程度上取决于裂纹的贯通模式,对于低抗剪强度材料容易出现拉伸破裂贯通模式,而高抗剪强度则容易出现拉剪混合破裂贯通模式。Lee 等[99]用花岗岩和大理石试样做了大量循环剪切试验,引入激光表面轮廓曲线仪来量测试样的表面形态,并研究加载过程中岩石节理的峰值剪切强度、非线性膨胀等问题,基于试验结果提出了一个考虑"二阶粗糙度"的弹塑性本构模型。Jafari 等[100]在人工岩石节理上进行剪切速率为 $0.0\sim0.4$ mm/s 的试验。试验结果表明,随着剪切速率的增加,试样的峰值剪切强度有较明显的减小趋势,并提出考虑剪切速率的岩石节理强度特征的经验公式。在国内,余贤斌等[101]在对三种岩石结构面进行直接剪切试验的基础上,探讨了结构面的变形特性和表面粗糙度的效应。徐松林等[102]在直剪试验基础上,研究了大理岩试件产生破坏过程中局部化变形的发展过程。研究结果表明,韧性和脆性变形在岩石破坏过程中是共同发展的,而导致岩石破坏的直接原因是在韧性剪切带的局部产生的亚剪切带。李海波等[103]利用人工浇铸的表面为锯齿状的混凝土岩石节理试样,研究了不同剪切速率下各种岩石节理起伏角度岩石节理的强度特征。李银平等[104]对湖北云应盐矿深部层状盐岩开展了三类典型岩体的直剪试验。周秋景等[105]在自制的 MTS 振动台试验设备上对混凝土、岩石类脆性材料(砂浆材料)进行了静力和动力剪切试验,并根据试件的破坏形状,初步分析了混凝土、岩石类脆性材料的动静态剪切特性的机制。徐晓斌等[106]通过对某核电站的强风化花岗岩进行原位直剪试验研究,得到了强风化花岗岩原位直剪的剪应力与应变关系曲线。李克钢等[107]采用自制的试验装置对岩体试件进行剪切试验,研究了饱和状态下岩体的抗剪切特性,并将其与天然状态时的结果进行了对比。李志敬等[108]针对锦屏二级水电站地下洞室富含节理的实际情况,利用双轴蠕变仪对大理岩硬性结构面进行了剪切蠕变试验,通过对大理岩硬性结构面表面的量测,采用平均粗糙角描述大理岩硬性结构面表面粗糙度情况,分析了不同粗糙度情况下岩样剪切位移与时间的变化规律。

　　岩石类材料在受载后的宏观断裂破坏和失稳与其内部微裂纹的产生、扩展直至贯通有着密切关系。因此,国内外许多学者对岩石类材料的细观力学性质也进行了大量的试验及理论研究,并取得了许多成果。Kawakata 等[109]对岩石的初始细观损伤特性进行了研究,并作了单轴受力损伤扩展的 CT 分析。Hatzor 等[110]研究了白云石的细观结构与微裂隙起裂的初始应力和试样最终强度之间的关系。许江等[111]通过自制微型加载装置及与之配套使用的 XPK-6 型矿相显微镜,对单轴应力状态下砂岩微观断裂发展全过程进行了观测研究。Zhao[112]利用 SEM 获得了岩石表面微裂纹萌生、扩展和贯通全过程的图像,并建立了损伤变量与裂纹局部分形维数相关联的岩石损伤本构模型。谢和平等[113]则用分形理论系统地研究了岩石微观损伤演化问题。刘冬梅等[114]进行了压剪应力状态下岩石变形破裂全程动态监测研究,定量计算和描述了岩石裂纹扩展速率、演化路径和破坏形态,指出岩石的破坏既有剪切破坏也有张性破坏,并在一定应力状态下呈现扭转破坏特征。刘延保[115]进行了单轴压缩状态下煤岩的细观力学试验,分析了含瓦斯煤样的细观动态损伤演化过程及其力学特性。

　　综上所述,迄今为止,有关外部荷载作用下含瓦斯煤岩抗剪性能宏细观演化规律的研究成果鲜见报道,也未见有相关试验设备。因此,有必要研发一套相应的剪切试验装置,开展含瓦斯煤岩抗剪性能及裂纹演化规律方面的相关实验研究,为进一步认识煤与瓦斯突出过程中含瓦斯煤岩破坏机制奠定实验及理论基础。

### 1.2.6　煤与瓦斯突出破坏失稳过程物理模拟试验研究进展

　　目前,大多数学者对煤与瓦斯突出发生机理的认识趋向于综合作用假说。该类假说最早由苏联学者 Лекласовский 在 20 世纪 50 年代初提出的,他认为煤与瓦斯突出是由于地压和瓦斯的共同作用引起的。1958 年,苏联学者 Скоцинский 根据突出煤层的经验和当时的科研成果,提出煤与瓦斯突出是地应力、包含在煤体中的瓦斯、煤的物理力学性质等因素综合作用的结果。基于这样的认识,国内外学者先后研制了相关的试验装置,对煤与瓦斯突出过程进行了大量的模拟试验研究,取得了众多的研究成果。

　　综合作用假说中应用最为广泛的是苏联学者 Ходот 提出的"能量假说"。该假说认为,突出是由煤的变形潜能和瓦斯内能引起的,当煤层应力状态发生突然变化时,潜能释放引起煤层高速破碎,在潜能和煤中瓦斯压力的作用下煤体发生移动,瓦斯由已破碎的煤中解吸、涌出,形成瓦斯流,并把已破碎的煤抛向采掘空间[116]。1976 年,Ходот 发表了"Путь решения об выбросей уголя и гаэы"一文,对"能量假说"又作了进一步充实。他认为煤层发生煤与瓦斯突出的条件,可简化为一个可能造成突出式破碎的条件,近似地用下式描述:

$$W_e + \lambda > A \qquad\qquad (1.1)$$

式中,$W_e$ 为煤的弹性能;$\lambda$ 为瓦斯的膨胀能;$A$ 为煤破碎到标志突出特征的粉煤时的能量。突出的过程可分为三个阶段:在静动载荷下煤的破碎,在煤变形潜能和瓦斯压力作用下煤的移动,瓦斯由已破碎的煤中解吸、膨胀并带出悬浮于瓦斯流中的煤。1979 年,Ходот 在"Развития Теории выбросы и Улучшение Предотвращения выбросы в Методе"一文中,给"能量假说"又增添了新的论点,使之更趋完善。他将煤体的破坏分为两类:第一类破坏称之为临界状态的转变,第二类破坏则是煤体破碎成煤块和煤粉。在自然条件下,以静态加载时,只产生第一类破坏;对第二类破坏,则必须具备其他的条件。他提出无论游离瓦斯,还是吸附瓦斯都参与突出的发展。瓦斯对煤体有三个方面的作用:全面压缩煤的骨架,增加煤的强度;吸附在微孔表面的瓦斯对微孔起楔子作用,同时降低煤的强度;存在瓦斯压力梯度,引起作用于梯度方向的力。同时该文更加明确了突出的激发和发展的条件。

"能量假说"以实验研究为基础,并用弹性力学的观点系统地阐述了煤与瓦斯突出发生的原因、准备和发展的过程,并且首先对煤的弹性潜能、瓦斯潜能、瓦斯膨胀能、煤的破碎功等进行了工程计算,给出了突出发生条件的数学解析式。"能量假说"的出现,对后来突出过程的模拟试验研究起到了重要的指导作用。

自 20 世纪 50 年代初,国外一些研究者就试图在实验室条件下,对突出的个别环节或突出综合过程进行模拟。苏联曾进行过单纯靠瓦斯压力来破碎和抛出煤的实验。实验表明:只有在很大瓦斯压力梯度下,煤才有可能被破碎和抛出。苏联科学院矿业研究所在 20 世纪 50 年代进行的突出模拟试验考虑的因素较多,测定的参数也较多。基于这些模拟试验,Ходот 丰富了突出综合假说的内容,进而提出了突出的"能量假说"。此后,Ходот[117] 进行了"近工作面"完全或部分卸压时的突出试验,在形成瓦斯常数渗流和型煤极限平衡状态后,停供瓦斯并迅速降低前部压力机的压力,经过几秒钟后观察到强力的突出,同时他还进行了突然转变为极限应力状态时的突出试验,记录到了突出过程中瓦斯压力下降的曲线。20 世纪 60 年代初,日本研究人员在实验室进行了突出时瓦斯抛射煤粉的试验,后来发展为利用 $CO_2$ 结晶冰、松香或水泥和煤粉混合等制成多孔介质,试验研究了在介质孔隙瓦斯压力作用下多孔介质材料的破碎和抛出,最后发展为类似苏联的综合考虑地层应力和瓦斯压力的突出模拟试验[118]。氏平增之(うじひらぞうしん)[119] 为了研究煤矿中揭开石门时发生煤与瓦斯突出的情形,首先建立了煤激波管来进行模拟试验。

在国内,丁晓良等[120] 也进行了煤激波管的试验,发现破坏以薄片状多层开裂的方式向煤体内部扩展,煤体加速度信号与气体压降信号耦合,当初始瓦斯超压较高时破坏扩展过程随着时间的发展趋于某种稳态,破坏前沿近似以常速 $V_f$ 传播,破坏片亦具有一定的厚度 $\Delta Z$。进一步分析与实验表明,$\Delta Z$、$V_f$ 主要是由破裂前沿轴线附近的瓦斯渗流与煤体抗拉强度所决定;$\Delta Z$ 与 $V_f$ 之积与初始瓦斯压力、煤体抗拉强度、渗透系数、孔隙率、气体黏性系数间存在确定的关系,与瓦斯吸附特性和煤型半径几乎无关。方健之等[121] 利用上述实验事实,提出了描述煤与瓦斯突出的一维模型。该模型把煤体的破坏分为两个阶段:层裂和层裂片的粉碎,用粉碎率的概念来描述煤体的这种非均匀破坏,并利用上述模型和从模拟试验得来的参数,对突出过程进行数值计算,得到了破裂阵面推进速度与瓦斯初始压力和煤初始粉碎率之间的拟合关系。邓全封等[122] 选用突出煤层的煤样,在不加任何添加剂条件下压结成型模拟揭开石门煤与瓦斯突出的情况,这种模拟试验比日本用松香、$CO_2$ 结晶冰等无吸附瓦斯能力的材料做试验更接近实际。实验结果表明,最小突出瓦斯压力随煤的强度增大而增大;瓦斯压力越大,突出强度也越大。蒋承林[123,124]用一维突出试验模拟了理想条件下石门揭开煤层时煤与瓦斯突出过程,提出了石门揭穿煤层的"球壳失稳"假说,并依据"球壳失稳"假说对突出孔洞及压出孔洞的形成过程进行了研究,通过突出模拟试验证实压出实际上是一种弱突出现象,论证了突出孔洞的形状与煤体的初始释放瓦斯膨胀能大小有关,并对突出孔洞及压出孔洞的形成机理进行了解释。

以上模拟试验研究获得了许多有意义的结果,但它主要研究瓦斯压力这一因素对突出的作用,无法全面考察地应力的影响,具有很大的局限性,对煤与瓦斯突出中许多现象无法作出满意的解释。因此,孟祥跃等[125]利用自行设计的煤与瓦斯突出二维模拟试验装置进行了一系列的试验,发现煤样的破坏存在"开裂"和"突出"两类典型的破坏形式,破坏阵面的前沿以拉伸强间断的形式向外传播,煤体破坏的初期是轴对称的,而后则只在某一方向上向外扩展,而且破坏阵面的扩展速度是逐渐衰减的,不存在恒稳推进。在煤体破坏过程中,应力重新分布,并有四种不同的应力转移形式。张建国等[126]根据煤与瓦斯突出综合作用假说和相似理论,提出了模型煤样突出和现场煤层突出的相似条件,利用突出模拟装置研究了地应力、瓦斯压力和煤体物理力学性质对煤层突出破坏的发生、发展过程及其强度的影响,分析了模型煤样突出和现场煤层突出破坏的相似性,建立了煤层发生突出破坏的无量纲参数准则。蔡成功[127,128]从力学模型入手,按相似理论设计了三维煤与瓦斯突出模拟试验装置,模拟了不同煤型强度、三向应力、瓦斯压力条件下的煤与瓦斯突出过程,得出了突出强度同瓦斯压力、煤型强度、三向应力、瓦斯压力关系数学模型。分析认为,应力和煤的力学性质是决定突出强度的主要因素,煤型强度对突出强度影响最大,其次为水平应力和垂直应力,侧向应力对突出强度的影响较小,瓦斯压力是突出发生的必要条件。郭立稳等[129]从理论上分析了煤与瓦斯突出过程中温度的变化趋势,并利用突出模拟装置在实验室对其进行了实验验证;认为在煤与瓦斯突出过程中,煤体温度的升高是由地应力破碎煤体使弹性能释放造成的,而温度降低则是由于瓦斯气体解吸和膨胀造成的,其变化是先升高后降低并连续变化的;根据煤体温度变化梯度可以进行瓦斯突出的预测预报。牛国庆等[130]利用突出模拟装置测定在煤与瓦斯突出过程中的温度变化。实验结果表明,突出强度不同,煤体温度变化也不相同,瓦斯压力越大,煤体下降的温度越大;在煤与瓦斯突出过程中,瓦斯的膨胀做功过程并非绝热过程,而是一个接近于等温的多变过程。

上述分析表明,国内外学者在煤与瓦斯突出过程的实验模拟研究方面进行了许多有益的探索,但由于大部分实验装置功能简单,实验煤样尺寸偏小,监测手段单一,数据采集方式落后,获取的数据相对偏少,不能很好地再现瓦斯、地应力、煤的物理力学性质等因素在煤与瓦斯突出发生、发展过程中的演化过程及其对突出的作用和影响。而且所进行的模拟试验也相对较少,且现有的模拟试验对突出装置的工作原理、结构、实验步骤及突出前后发生的现象描述不够清晰,部分二维、三维突出试验的维度并没有得到很好的体现。为更深层次地探索煤与瓦斯突出机制,许江等[131]在同类突出装置的基础上自主研发了"大型煤与瓦斯突出模拟试验台",其主要由煤与瓦斯突出模具、快速释放机构、承载框架、电流伺服加载系统、翻转机构、主机支架及附属装置组成。该试验台具有如下功能:①利用电流伺服加载系统可对突出煤样施加均布荷载和阶梯形荷载,模拟工作面前方造成突出的局部应力集中现象;②可实现五种不同倾角煤层在不同地应力、不同瓦斯压力下的煤与瓦斯突出模拟试验;③利用泡沫不锈钢隔离煤样与进气孔,实现对突出煤样的"面充气"功能;④通过快速释放机构,可瞬间打开突出口使突出端突然卸压;⑤ 实现煤与瓦斯突出试验的全过程回放。通过不同瓦斯压力及不同突出口径条件下的煤与瓦斯突出过程模拟试验,结果表明[132],煤层瓦斯压力及突出口径可以影响煤与瓦斯突出的发生以及突出的强度,即煤与瓦斯突出存在瓦斯压力及突出口开口面积阈值,低于此阈值时不会发生突出,只有高于此阈值突出才会发生。在高于此阈值时,随着瓦斯压力增加,突出强度会增加;随着开口面积的增大,突出强度也会增大。突出模拟试验时,在充气过程中,煤层温度呈波动式上升,在突出发生过程中,煤层温度会降低,降低的速度与突出强度、突出过程持续的时间等因素有关;在突出过程中,煤层"顶板"处的瓦斯压力会迅速下降,下降的速度与突出强度等因素有关;实验参数不同,突出煤样的分布区域明显不同,但突出试验均表明突出对煤样存在粉碎作用;突出产生的孔洞模型大多呈不规则的梨形等形状,形态差异较大,大多数突出孔洞在煤层内并不呈对称分布。

综上所述,国内外学者大多基于综合假说观点,在煤与瓦斯突出过程的试验模拟研究方面取得了不少有较高学术价值的研究结论,但至今为止,对于地应力、瓦斯压力及煤体物理力学性质在突出过程中所起的综合作用仍然没有一个量化的描述,这也是一直困扰着研究者的一个难题。本书拟在前人研究的基础上,利用重庆大学自主研发的"大型煤与瓦斯突出模拟试验台",重点开展地应力对煤与瓦斯突出过程影响的模拟试验研究,以期进一步认识煤与瓦斯突出的演化过程。

# 1.3　主要研究内容及方法

本书紧紧围绕"含瓦斯煤岩破坏失稳力学作用机理及其应用"这一选题,以典型煤与瓦斯突出煤层——山西晋城无烟煤矿业集团有限责任公司赵庄矿和寺河矿以及重庆天府矿业有限责任公司三汇一矿采集的煤样为研究对象,从含瓦斯煤岩破坏失稳力学特性出发,采用实验室测试、理论研究、物理模拟、数值分析和工程实例相结合的方法,对煤岩原生孔裂隙结构及其瓦斯吸附解吸特性、含瓦斯煤岩三轴压缩破坏过程中的流固耦合作用机理、含瓦斯煤岩剪切破断过程裂纹演化规律、含瓦斯煤岩破坏失稳演化及其动力效应、含瓦斯煤岩体稳定性判据及基于矿区三维地应力场数值计算的突出区域预测等进行研究。主要研究内容如下：

1）突出煤层原生孔裂隙结构特征及瓦斯赋存状态研究

在归纳总结煤孔隙、裂隙的成因、分类以及测试方法的基础上，结合扫描电镜、比表面积分析仪和偏光显微镜等试验手段，研究煤中孔隙、裂隙的结构特征，探讨粒径大小对煤孔隙结构的影响；同时，通过等温吸附试验进一步研究煤储层瓦斯吸附解吸特性，并对瓦斯源失稳状态进行分析，通过考虑吸附瓦斯解吸的影响，对瓦斯释放能密度进行修正。

2）含瓦斯煤岩破坏过程中热流固耦合作用机理研究

拟自主研制一套含瓦斯煤岩热流固耦合三轴伺服渗流装置，并利用该装置具体开展不同应力水平、不同瓦斯压力、不同温度条件下含瓦斯煤岩三轴压缩破坏力学特性及渗透特性试验，研究多场耦合作用下含瓦斯煤岩三轴压缩力学破坏规律及破坏过程中的瓦斯渗流规律。在此试验研究基础上，通过考虑吸附膨胀效应对有效应力的影响，修正含瓦斯煤岩三轴压缩破坏强度准则及含瓦斯煤岩弹性应变能密度，同时推导出考虑基质收缩效应的含瓦斯煤岩渗透率模型。

3）含瓦斯煤岩剪切变形破坏过程及其损伤演化规律研究

拟自主研制一种含瓦斯煤岩细观剪切试验装置，利用该装置进行含瓦斯煤岩剪切力学试验，分析不同瓦斯压力、不同加载速率及不同法向应力对煤岩剪切变形及剪切强度特性的影响。在观测剪切面裂纹开裂扩展过程的基础上，研究剪切荷载下含瓦斯煤岩裂纹产生、扩展、贯通直至断裂的力学作用机理，并通过对剪切面裂纹的分形特征研究，建立含瓦斯煤岩剪切面裂纹的分形维数与剪切断裂耗散能之间的关系方程。

4）不同应力条件下煤与瓦斯突出失稳破坏过程物理模拟试验研究

利用自主研制的大型煤与瓦斯突出模拟试验台，进行不同应力条件下的含瓦斯煤岩突出过程物理模拟试验，分析煤与瓦斯突出过程中的瓦斯压力及煤体温度等的变化规律，以及应力对突出强度、突出煤样粒径分布及突出形态等的影响规律，进而考察含瓦斯煤岩破坏失稳的动力效应。

5）含瓦斯煤岩体稳定性判据及其应用研究

基于室内试验研究成果，对现场采煤工作面前方含瓦斯煤岩体破坏失稳力学作用过程进行分析，并对含瓦斯煤岩体稳定性评价的两个判据——强度判据和能量判据进行修正。进而以重庆天府矿业有限责任公司三汇一矿为工程应用背景，结合修正的强度判据、能量判据和该矿三维地应力场数值模拟计算，对其煤与瓦斯突出潜在危险性区域进行预测。

依据上述研究内容，制定了具体的技术研究路线，如图 1.1 所示。

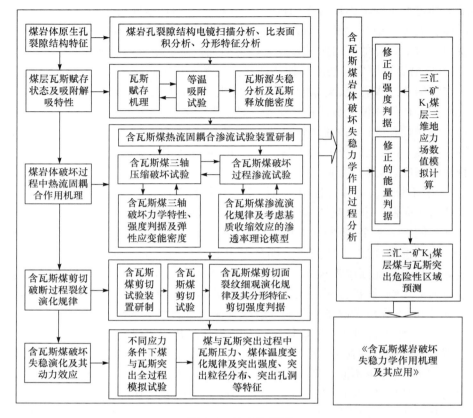

图 1.1　技术路线图

Fig. 1.1　The sketch map of technical scheme

# 第 2 章　突出煤层孔裂隙结构特征及瓦斯赋存状态

## 2.1　概　　述

煤储层是一种由天然裂隙和基质孔隙组成的具有双重结构的多孔介质。所谓多孔介质是指含有大量空隙的固体,其中固相部分称为固体骨架,而未被固相占据的部分空间称为孔隙。煤的双重结构特征是由煤基质块中微小孔隙和煤中裂隙构成的,前者是煤层瓦斯的主要储集空间,而后者则主要是煤层瓦斯和水的渗流通道。煤中孔裂隙的形态及结构等特征不仅直接决定着煤层瓦斯的吸附-解吸、扩散及渗流特性,而且对煤的物理力学性质也有着一定的影响,是划定煤层是否具有煤与瓦斯突出危险性的重要参考依据之一。因此,本章围绕偏光分析、扫描电镜、比表面积和孔径分析试验,研究煤体的宏细观结构特征;并以煤对瓦斯的等温吸附试验为基础,分析瓦斯气体在煤储层中的赋存状态、吸附解吸规律及失稳状态。通过本章研究,不仅可以认识煤储层的结构特征,而且分析煤储层的瓦斯吸附解吸特性还可为后续的含瓦斯煤岩破坏过程中的流固耦合作用机理、含瓦斯煤岩剪切裂纹演化、煤与瓦斯突出试验及含瓦斯煤岩体稳定性判据等研究奠定基础。

## 2.2　煤储层孔裂隙结构特征

### 2.2.1　孔裂隙成因及分类

煤层是一种具有双重结构特征的非均质、各向异性的多孔介质,其裂隙构成了瓦斯气体运移的主要通道。煤储层孔隙结构分布状况则决定了瓦斯气体在煤中的储集状态和扩散方式,如图 2.1 所示。

研究表明,成煤植物的组织结构衍生了煤层的孔隙结构,而凝胶化作用、构造营力作用衍生了煤层的裂隙系统。双重结构是煤层瓦斯气藏特有的储层介质属性,这种属性决定了煤层瓦斯吸附解吸-扩散-运移的独特机制。

一般而言,煤层的孔隙继承性地负载了植物的组织结构,各种形状大小不一的圆形孔、椭圆孔或不规则形孔,由植物原始组织结构和成煤作用所控制,所以孔隙从成因上是原生的。张慧等[133]以煤岩显微组分和煤的变质与变形特征为基础,以较大量的扫描电镜观察结果为依据,将煤孔隙的成因类型划分为四大类(原生孔、外生孔、变质孔、矿物质孔)十小类,如表 2.1 所示。在煤岩学中,根据植物组织保存情况将煤岩组分划分为结构体、无结构体和碎屑体。结构体指植物的木质

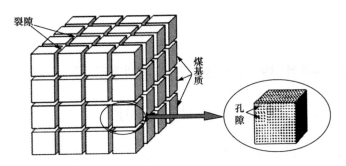

图 2.1　煤的孔隙-裂隙模型

Fig. 2.1　Pore and fracture model of coal

纤维组织经凝胶化作用或丝炭化作用形成的显微组分,结构体是煤中的主要组成部分。另外,煤化作用过程中生成的气孔是次生成因的,因此其个体小、分布少。

　　而煤层中的裂隙则被认为是后生的,其形成原因比较复杂。由于构造运动的作用,煤中分布有几组方向不同的裂隙,它们大多与煤层垂直或高角度相交,互相垂直或斜交,呈网状或呈不规则状出现,把煤切割成不同大小的基质块,煤田地质学称其为外生裂隙。一般区域构造应力方向控制着裂隙分布的基本格局,裂隙的方向反映了主应力的方向。主裂隙的长度、宽度、频率一般高于次裂隙,次裂隙相交于主裂隙,其长度、宽度受限于主裂隙,但分布频率有时高于主裂隙。有些矿区经受多期构造运动,发育多期裂隙,可依据裂隙形迹的交切关系推断其生成先后次序。各种应力的综合作用以地应力方式作用于煤层,适宜的地应力可能使裂隙开启,而强烈的地应力可能使裂隙闭合。除此而外,煤化作用的压实脱水,也可在煤层中形成次一级的内生裂隙,与外生裂隙方向一致或斜交,分布不规则,有人称之为割理。其分类及成因如表 2.2 所示。

表 2.1　煤孔隙类型及其成因

Table 2.1　The type of coal pores and their genetic description

| 类型 | | 成因简述 |
| --- | --- | --- |
| 原生孔 | 胞腔孔 | 成煤植物本身所具有的细胞结构孔 |
| | 屑间孔 | 镜屑体、惰屑体和壳屑体等碎屑状颗粒之间的孔 |
| 变质孔 | 链间孔 | 凝胶化物质在变质作用下缩聚而形成的链之间的孔 |
| | 气孔 | 煤变质过程中由生气和聚气作用而形成的孔 |
| 外生孔 | 角砾孔 | 煤受构造应力破坏而形成的角砾之间的孔 |
| | 碎粒孔 | 煤受构造应力破坏而形成的碎粒之间的孔 |
| | 摩擦孔 | 压应力作用下面与面之间摩擦而形成的孔 |

续表

| 类型 | | 成因简述 |
| --- | --- | --- |
| 矿物质孔 | 铸模孔 | 煤中矿物质在有机质中因硬度差异而铸成的印坑 |
| | 溶蚀孔 | 可溶性矿物质在长期气、水作用下受溶蚀而形成的孔 |
| | 晶间孔 | 矿物晶粒之间的孔 |

**表 2.2　煤裂隙的分类及成因**[133]

**Table 2.2　The types of cracks in coal and their genesis**

| 裂隙分类 | | 成因简述 | 基本形态特征 | 宽度 |
| --- | --- | --- | --- | --- |
| 内生裂隙 | 失水裂隙 | 煤化作用初期，在压实、失水、固结等物理变化过程中形成的裂隙 | 弯曲状、无方向性、长短不等，网络呈树枝状、不规则状 | 大孔级 |
| | 缩聚裂隙 | 煤在变质过程中因脱水、脱气、脱挥发分而缩聚所形成的裂隙 | 短浅、弯曲、无序，网络呈不规则状 | 中孔级及其上 |
| | 静压裂隙 | 在上覆岩层的单向静压作用下形成的与层理大体垂直的定向裂隙 | 短、直、定向，基本垂直层理，不组成网络 | 大孔级为主 |
| 外生裂隙 | 张性裂隙 | 由张应力作用产生的启开状裂隙 | 直线状或弯曲状，垂直或斜交层理，网络有 S 形、雁行形，不规则网络 | 一般为几微米至几十微米 |
| | 压性裂隙 | 经受严重挤压的煤中，由压应力作用而产生的闭合状裂隙 | 长且直，方向性强，多平行分布 | 闭合状 |
| | 剪性裂隙 | 由剪应力作用而产生的两组或多组共轭裂隙 | 直线状为主，派生裂隙发育，网络呈 X 形、菱形、羽状等 | 启开状或闭合状 |
| | 松弛裂隙 | 煤中构造面上由应力释放而产生的裂隙 | 弯曲状为主，裂面不平，多呈锯齿状，方向性不强，不规则网络 | 启开状或闭合状 |

　　煤孔隙的分类依据有多种，每种依据的侧重点不同，都是根据一定的研究方向制定的。归纳起来，目前存在以下三种有关煤孔隙的分类方法。

　　第一种是按煤孔隙的成因分类。基质孔隙是煤在经历了泥炭化作用-成岩作用-变质作用等一系列煤化作用后形成的。煤孔隙成因类型多、形态复杂、大小不等，各类孔隙都是在微区发育或微区连通，借助于裂隙而参与煤层瓦斯的渗流系统。不同的研究者关于成因的分类划分也不尽相同，基质孔隙成因分类如表 2.3 所示。

**表 2.3　基质孔隙成因分类**

**Table 2.3　The types of coal pores**

| 研究者 | 煤孔隙按成因划分类别 |
|---|---|
| Gan[134] | 分子间孔、煤植体孔、热成因孔、裂缝孔 |
| 郝琦[135] | 植物组织孔、气孔、粒间孔、晶间孔、铸模孔、溶蚀孔等 |
| 张慧等[133] | 原生孔、外生孔、变质孔、矿物质孔 |
| 张素新[136] | 植物细胞残留孔隙、基质孔隙、次生孔隙 |
| 苏现波等[137] | 气孔、残留植物组织孔、次生孔隙、晶间孔、原生粒间孔 |

　　第二种是按煤孔隙的孔径结构分类。煤孔隙的大小差别极大,从最小孔的孔宽纳米($nm,10^{-9}\,m$)级,到最大孔的孔宽毫米($mm,10^{-3}\,m$)级。目前,Ходот 的十进制划分方案在国内应用最为广泛,划分出大孔($>1000nm$)、中孔($100\sim1000nm$)、小孔(过渡孔,$10\sim100nm$)和微孔($<10nm$),分类的基础主要是固体孔径范围与固气分子作用效应。此外,不同学者根据不同研究方法及目的有不同的划分结果,如表 2.4 所示。

**表 2.4　煤孔径大小分类方案**

**Table 2.4　The coal pore size classify method**　　　　（单位:nm）

| 研究者 | Ходот[117] | Gan[134] | Jüntgen[138] | 肖宝清[139] | 刘常洪[140] | 秦勇等[141] |
|---|---|---|---|---|---|---|
| 大　孔 | $>1\,000$ | $>30$ | $>50$ | | $>7\,500$ | $>400$ |
| 中　孔 | $1\,000\sim100$ | $30\sim1.2$ | $50\sim2$ | $60\sim40$ | $7\,500\sim100$ | $400\sim50$ |
| 过渡孔(小孔) | $100\sim10$ | | | $40\sim10$ | $100\sim10$ | $50\sim15$ |
| 微　孔 | $<10$ | $<1.2$ | $2\sim0.8$ | $10\sim0.54$ | $<10$ | $<15$ |
| 超微孔 | | | $<0.8$ | $<0.54$ | | |

　　第三种是按煤孔隙的形态分类。郝琦[135]、吴俊等[142]在国内率先开展了对煤孔隙形态类型的研究,分类的依据是压汞试验的退汞曲线或液氮吸附回线的形态特征。据陈萍等[143]的研究结果,煤孔隙划分为Ⅰ类孔(两端开口圆筒形孔及四边开放的平行板状孔)、Ⅱ类孔(一端封闭的圆筒形孔、平行板状孔、楔形孔和锥形孔)、Ⅲ类孔(细颈瓶形孔),如图 2.2 所示。

　　对于煤层中裂隙的分类,傅雪海等[144]基于大量的对现场新揭露煤面和实验室所采集煤样的观测,并通过一定的统计分析手段,较为全面地得出了煤层中的裂隙分布规律;按大小、形态特征、成因等,将裂隙划分为大裂隙、中裂隙、小裂隙、微裂隙(内生裂隙)四级,对应地将煤储层分为四类:大裂隙储层、中裂隙储层、小裂隙储层、微裂隙储层四类,如表 2.5 所示。

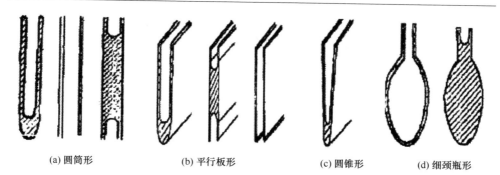

(a) 圆筒形　　　　　(b) 平行板形　　　　　(c) 圆锥形　　　　　(d) 细颈瓶形

图 2.2　煤孔隙结构

Fig. 2.2　The kinds of structures of coal pores

### 表 2.5　宏观裂隙级别划分及分布特征[144]
### Table 2.5　Classification and distribution of macro-fracture

| 裂隙级别 | 高度 | 长度 | 密度 | 切割性 | 裂隙形态特征 | 成因 |
|---|---|---|---|---|---|---|
| 大裂隙 | 数十厘米至数米 | 数十至数百米 | 数条/m | 切穿整个煤层甚至顶底板 | 发育一组，断面平直，有煤粉，裂隙宽度数毫米到数厘米，与煤层层理面斜交 | 外应力 |
| 中裂隙 | 数厘米至数十厘米 | 数米 | 数十条/m | 切穿几个宏观煤岩类型分层（包括夹矸） | 常发育一组，局部两组，断面平直或呈锯齿状，有煤粉 | 外应力 |
| 小裂隙 | 数毫米至数厘米 | 数厘米至1m | 数十至200条/m | 切穿一个宏观煤岩类型分层或几个煤岩成分分层，一般垂直或近垂直于层理分层 | 普遍发育两组，面裂隙较端裂隙发育，断面平直 | 综合作用 |
| 微裂隙 | 数毫米 | 数厘米 | 20～500条/m | 局限于一个宏观煤岩类型或几个煤岩成分分层（镜煤、亮煤）中，垂直于层理面 | 发育两组以上，方向较为凌乱 | 内应力 |

　　对于裂隙形态和组合关系，胡千庭[145]将其分为以下三种：一是矩形网状，主要为小裂隙，一般面裂隙密度大于端裂隙，彼此近于直交，因而具有较高的渗透性，渗透率的方向性中等；二是不规则网状，小裂隙与微裂隙交织在一起，面裂隙与端裂隙都比较发育，这种组合的渗透性中等，没有明显的各向异性，主要发育于低煤化烟煤中；三是平行状，实际上是由于端裂隙不发育，只见面裂隙平行产出，这种组

合一般反映局部现象,当端裂隙出现时又变成矩形网状组合了,由于只发育一组裂隙,渗透率的各向异性明显,具有优势方位,如图2.3所示。

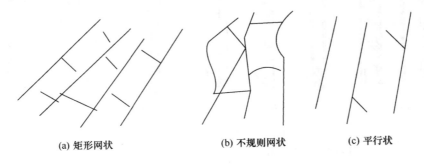

(a) 矩形网状　　　　　　(b) 不规则网状　　　　　　(c) 平行状

图 2.3　煤内裂隙组合形态[145]

Fig. 2.3　Fracture combination in coal body

## 2.2.2 煤孔隙特征

孔隙是煤层瓦斯的主要储集场所,同时也是瓦斯气体脱附解吸、扩散的主要场所,其赋存和结构特征(孔隙数量、单个孔隙大小、孔分布特征及孔隙连通度)直接影响着煤层瓦斯的富集与运移,在煤与瓦斯突出灾害中起着重要的作用。因此,煤储层的内部孔隙特性具有重要的研究价值。目前,煤的孔径分布研究方法有光学显微镜、扫描电子显微镜、压汞法或低温氮等温吸附法等,但每种方法所能测试到的孔径有所差异,如图2.4所示。

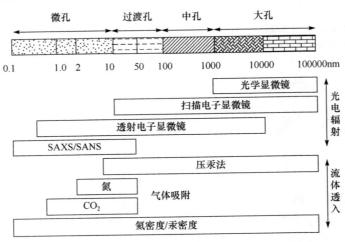

图 2.4　孔隙测量的各种方法[146]

Fig. 2.4　The measuring methods of pores in coal

　　扫描电子显微镜观测法、压汞法和气体吸附法是目前研究者应用较多的几种方法。其中,扫描电子显微镜观测法可在不破坏煤样原始结构的前提下进行多方位观察和分析测试;而压汞法是利用不同孔径的孔隙对压入汞的阻力不同这一特性来计算煤体中孔隙体积和孔隙半径,其测试范围在 30nm～360μm,但测试结果包含了孔隙和裂隙两部分,因此有时候不能真实地反映出煤体的孔隙分布;气体吸附法以低温氮吸附法最为常用,该方法在测定 0.6～300nm 的孔隙方面具有优势。

　　针对各种测试方法的优缺点,本书选用扫描电子显微镜观测法对煤孔隙的形态特征进行观测,同时选用低温氮吸附法测定孔隙的结构特征参数。

　　1) 煤孔隙形态及分布特征

　　本书对采集煤样进行了扫描电镜(SEM)实验分析,所用仪器为重庆大学材料科学与工程学院购置的挪威 TESCAN 公司生产的 VEGA Ⅱ 型自带能谱扫描电镜(图 2.5(a)所示)。该电镜最小可观察到 3nm 的孔隙,放大倍率可达 4～100000倍,其试验步骤分扫描电镜试验分样品制备、观察选像及图像解译三个部分。

　　进行电镜扫描试验的具体步骤为:从井下取出新鲜煤样后,手选 1～2cm³ 干净清洁的小块,用吹气球吹去表面附着物,再用酒精棉清洗表面,干燥后放入干燥皿备试验用;做试验之前需在试件的观察面镀金膜(图 2.5(b)所示),以增强煤的导电性;将试件装入电镜设备,选择新鲜断面作观察面,由于煤的镜质组孔隙丰富、裂隙发育,能较好地表现孔裂隙形状,因此试验主要选取煤的镜质组成分进行观察。观察顺序为:首先选取低倍率视镜,以便选取孔隙较为典型的区域,然后逐级放大倍率进行观察,以获得各级孔隙形态。

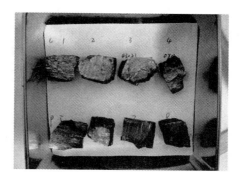

　　　　　(a) VEGA Ⅱ 型扫描电镜　　　　　　　　　　　　　(b) 镀金试验样品

图 2.5　扫描电镜实验装置及样品

Fig. 2.5　The scanning electron microscope experimental apparatus and coal sample

　　试验所用煤样分别选自山西省晋城煤业集团公司下属的赵庄矿和寺河矿,所

取煤样均来自 3 号煤层,赵庄矿选取了 13063 和 12043 两个巷道,寺河矿选取了
0801 工作面和 43023 巷道。试验样品分垂直层理和平行层理进行制备,试验时分
别选择 5000、2000、1500、1000、500、200 倍率的视镜对垂直层理面和平行层理面进
行观察。下面分别选取 1000 倍和 5000 倍放大水平下的 SEM 图像对煤样孔隙形
态特征进行分析,如图 2.6～图 2.9 所示。

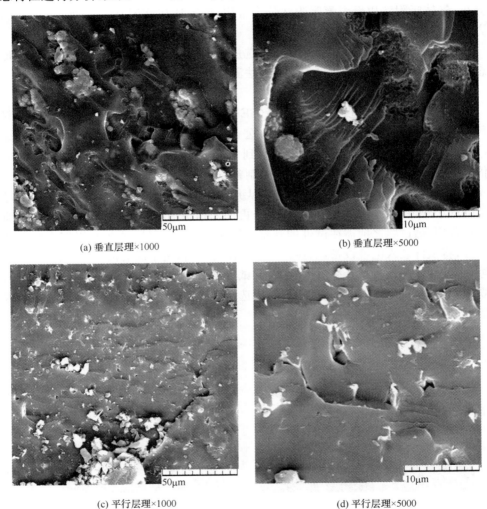

(a) 垂直层理×1000　　　　　　　　　　(b) 垂直层理×5000

(c) 平行层理×1000　　　　　　　　　　(d) 平行层理×5000

图 2.6　13063 巷道煤样电镜扫描图

Fig. 2.6　The SEM images of coal sample from 13063 laneway

(a) 垂直层理×1000　　　　　　　　(b) 垂直层理×5000

(c) 平行层理×1000　　　　　　　　(d) 平行层理×5000

图 2.7　12043 巷道煤样电镜扫描图

Fig. 2.7　The SEM images of coal sample from 12043 laneway

　　从图 2.6～图 2.9 中可以看出,试验煤样孔隙主要以变质孔——气孔为主,大多以密集状和稀散状分布在镜质组中,孔隙断面形状为扁平状,并分布有与层理面垂直的微裂隙。一般而言,气孔主要由生气和聚气作用而形成[134],因此可以初步判断:生气量小、气体活动性小的部位,形成的气孔数量少,且稀散状分布;生气量大、气体活动性强的部位,孔隙呈密集状分布,组成孔隙带、孔隙群等。从电镜扫描结果来看,寺河矿 43023 巷道和 0801 工作面的煤样镜质组较致密,孔隙相对较少,孔隙直径也较小,而赵庄矿的 13063 巷道和 12043 巷道的煤样则孔隙较为发育,孔隙直径相对较大,孔隙连通性也较好,有利于瓦斯的富集与运移。

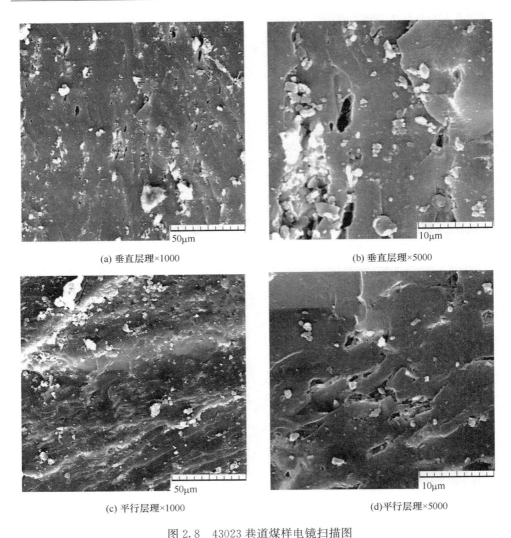

(a) 垂直层理×1000　　　　　　　　　　　　　　(b) 垂直层理×5000

(c) 平行层理×1000　　　　　　　　　　　　　　(d)平行层理×5000

图 2.8　43023 巷道煤样电镜扫描图

Fig. 2.8　The SEM images of coal sample from 43023 laneway

　　此外,从垂直层理方向和平行层理方向的电镜扫描图像对比来看,煤的孔隙还具有一定的方向性,煤的原生孔隙方向主要是沿着煤层的层理方向发育,平行层理方向的孔隙分布均匀且密集,而垂直层理的方向孔隙发育相对较少。由此可以得到以下结论:瓦斯富集及运移主要是沿平行层理方向。这对提高煤层瓦斯抽放率及防治煤与瓦斯突出灾害的发生具有一定的实际指导意义。

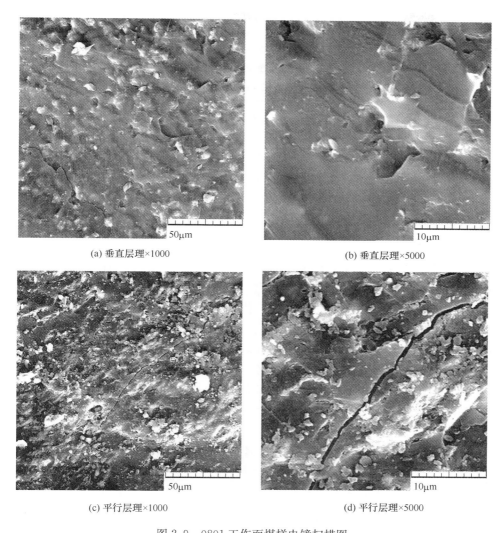

(a) 垂直层理×1000　　　　　　　　　　(b) 垂直层理×5000

(c) 平行层理×1000　　　　　　　　　　(d) 平行层理×5000

图 2.9　0801 工作面煤样电镜扫描图

Fig. 2.9　The SEM images of coal sample from 0801 working face

2）煤孔隙结构特征

目前,常用煤的孔容、比表面积、孔径分布等参数来表征煤体内部孔隙结构特征。据前文所述,煤是一种多孔介质,其中含有大量的表面积(亦称内表面积)。煤的表面积决定着煤的吸附性、渗透性和储存瓦斯的能力,对煤与瓦斯突出有着密切的关系。据苏联矿业研究所的资料[147],各种直径孔隙的表面积同容积具有如表2.6 所示的关系,从表中可知,微微孔和微孔体积还不到总孔隙体积的 55％,而其孔隙表面积却占整个表面积的 97％以上。这说明微孔隙发育的煤,尽管孔隙率不高,但却有相当可观的孔隙内表面积,而煤中 80%～90% 的瓦斯都吸附于煤的表面,其中主要又是吸附于微孔隙表面。

表 2.6 孔隙表面积与其容积关系表
Table 2.6 The relationship of surface area and capacity of pore

| 孔隙类别 | 孔隙直径/nm | 孔隙表面积百分数/% | 孔隙体积百分数/% |
|---|---|---|---|
| 超微孔 | <2 | 62.2 | 12.5 |
| 微孔 | 2～10 | 35.1 | 42.2 |
| 小孔 | 10～100 | 2.5 | 28.1 |
| 中孔 | 100～1000 | 0.2 | 17.2 |
| 合计 | | 100 | 100 |

通常以比表面积(即单位重量煤样中所含有的孔隙内表面积)来度量煤孔隙表面积的大小。本书利用重庆大学购置的由美国公司生产的 ASAP2020 比表面积测定仪,测定煤对 $N_2$(77K)的吸附等温线,由 Langmiur、BET 法测定其比表面积,由 BJH 法测定煤的中孔孔径分布及中孔孔容,由 t-plots 法测定微孔的孔容。

ASAP2020 比表面测定仪实物如图 2.10 所示,可同时进行两个样品的制备和一个样品的分析,操作软件为先进的 Windows 软件,可进行单点、多点 BET 比表面积、Langmuir 比表面积、BJH 中孔孔分布、孔大小、总孔体积和面积、平均孔大小等多种数据分析,其孔径的测量范围为 0.35～500nm,微孔区段的分辨率为 0.02nm,比表面分析从 0.0005$m^2$/g(KR 测量)至无上限,孔体积最小检测:0.0001mL/g。

图 2.10 ASAP 2020 比表面分析仪
Fig. 2.10 The ASAP 2020 accelerated surface area system

　　利用 ASAP2020 比表面积测定仪,分别对取自寺河矿 43023 巷道的煤样和赵庄矿 12043 巷道的煤样进行了测试,其吸附等温曲线如图 2.11 所示。

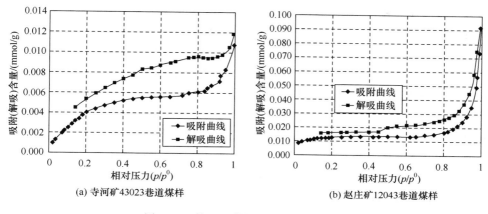

(a) 寺河矿43023巷道煤样　　　　　　　　　(b) 赵庄矿12043巷道煤样

图 2.11　等温吸附解吸曲线($T=30℃$)

Fig. 2.11　The curves of the isothermal adsorption and desorption($T=30℃$)

　　研究表明,物理吸附等温线可分为五种类型,如图 2.12 所示,不同的吸附等温曲线类型反映了吸附质不同的表面性质、孔分布性质及吸附质与吸附剂相互作用的性质[20]。

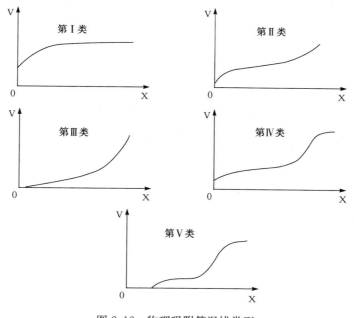

图 2.12　物理吸附等温线类型

Fig. 2.12　The types of the isothermal adsorption curve

从这五类物理吸附等温线分析来看:第Ⅰ类吸附等温线称为单分子层吸附,表现为随着瓦斯压力的升高,煤吸附瓦斯量增大,但增长率逐渐变小,当瓦斯压力无限增大时,煤的吸附瓦斯量趋于某一极限值。第Ⅱ类吸附等温曲线的前半段上升缓慢,呈现上凹的形状,表明发生了多层吸附,而后半段发生了急剧的上升,并一直到接近饱和蒸气压也未呈现出吸附饱和现象,表明在发生多层吸附的同时,还有毛细凝聚发生。符合第Ⅱ类吸附等温线类型的吸附质意味着各种孔径的孔都有,并且孔径增加到没有尽头。呈第Ⅲ类吸附曲线的吸附质,其表面与孔分布情况与第Ⅱ类相似,只是吸附剂与吸附质的相互关系与第Ⅱ类不同。第Ⅳ和第Ⅴ类吸附曲线分别与第Ⅰ类和第Ⅲ类相似,只是曲线不是无限上升,而是有一饱和点,意味着吸附质中其大孔的孔径范围有一尽头,即没有大于某一孔径的孔。

从图 2.11 可以看出,两种煤样的吸附曲线都符合第Ⅱ类型,说明这两种煤内部各种孔径的孔都有。但从吸附能力来看,赵庄矿 12043 巷道煤样的吸附量远远高于寺河矿 43023 巷道煤样,说明赵庄矿的煤样内部孔隙发育程度比寺河矿的煤样相对要高;同时从解吸速度看,赵庄矿的煤样也明显大于寺河矿的煤样,而煤样的解吸速度快可能形成较高的气体压力梯度,对煤岩的破坏性较大,容易形成煤与瓦斯突出灾害。

煤在吸附低温氮气的过程中,氮气分子(分子直径约为 0.43nm)首先在煤的超微孔里发生毛细填充以及在较大孔壁上进行单分子层吸附。随着相对压力的升高,单分子层排满,吸附层加厚,当相对压力达到了压力表设定的相对压力的最高值时,毛细凝聚便达到了最大孔半径,吸附与凝聚的过程便告结束。随后减小相对压力,吸附气开始解吸,吸附层减薄,当压力减小至一定程度时,便发生毛细蒸发,凝聚气开始解凝。由于毛细管的具体形状不同,同一个孔发生凝集与蒸发时的相对压力可能相同,也可能不同,如果凝聚与蒸发时的相对压力相同,吸附等温线的吸附分支与脱附分支重叠,反之若两个相对压力不同,等温线的两个分支便会分开,便形成了如图 2.11 所示的吸附回线。煤层的透气性可以根据煤样的吸附回线来判断,没有吸附回线或回线很小,煤的孔结构大多由封闭型的孔构成,透气性较差,这就给煤层中的瓦斯运移造成更多的阻力;具有吸附回线且面积较大,煤的孔结构大多由开放型的孔构成,加快吸附瓦斯排出的速度,透气性较好,瓦斯抽放效果显著。而从图 2.11 中吸附回线面积来看,赵庄矿的煤样同样比寺河矿的煤样要大,表明赵庄矿煤样的透气性强于寺河矿煤样。

此外,图 2.13、图 2.14 分别给出了两个矿煤样的孔径分布与比表面积及孔体积的关系,两个矿煤样的孔径、比表面积及孔容具体分布情况则分别如表 2.7 和表 2.8 所示。

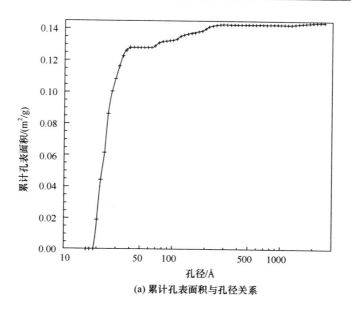

(a) 累计孔表面积与孔径关系

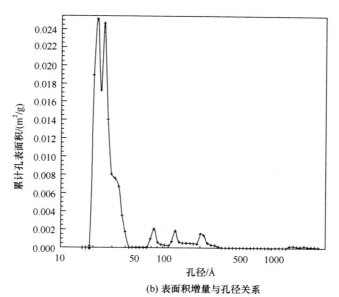

(b) 表面积增量与孔径关系

(1) 寺河矿43023巷道煤样

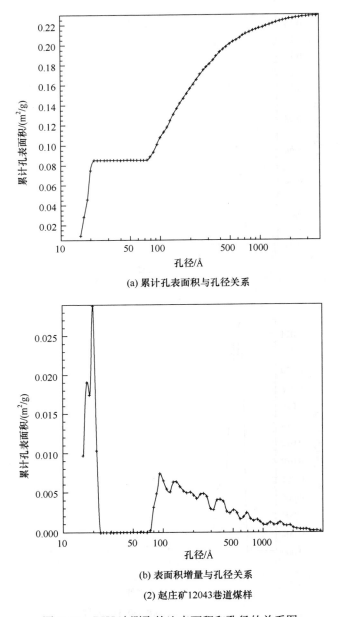

(a) 累计孔表面积与孔径关系

(b) 表面积增量与孔径关系

(2) 赵庄矿12043巷道煤样

图 2.13　BJH 法测取的比表面积和孔径的关系图

Fig. 2.13　The relationship between specific surface area and pore
distribution with BJH method

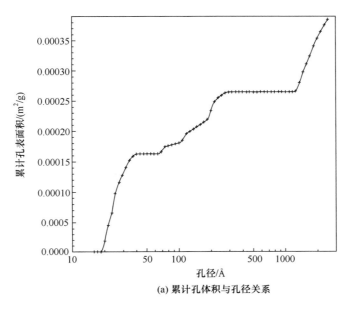

(a) 累计孔体积与孔径关系

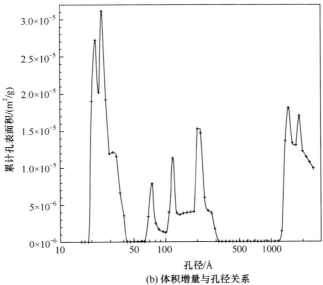

(b) 体积增量与孔径关系

(1) 寺河矿43023巷道煤样

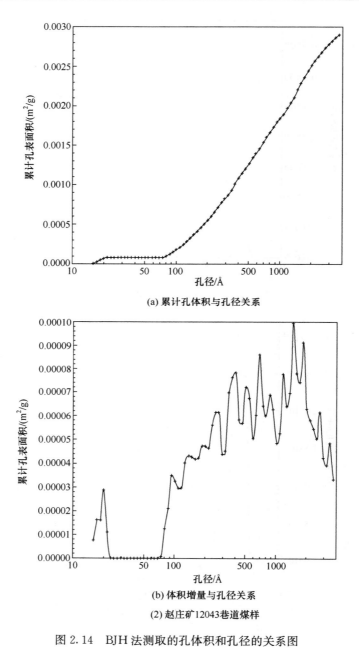

(a) 累计孔体积与孔径关系

(b) 体积增量与孔径关系

(2) 赵庄矿12043巷道煤样

图 2.14　BJH 法测取的孔体积和孔径的关系图

Fig. 2.14　The relationship between pore volume and pore

distribution with BJH method

表 2. 7　寺河矿 43023 巷道煤样孔径、比表面积分布情况

Table 2. 7　Distributions of coal samples' apertures and specific surface areas in Sihe mine

| 孔径区间<br>$D/\text{Å}$ | 平均孔径<br>$D_A/\text{Å}$ | 区间孔容<br>$V_i/(\text{mL/g})$ | 累计孔容<br>$V_c/(\text{mL/g})$ | 区间比表面积<br>$S_i/(\text{m}^2/\text{g})$ | 累计比表面积<br>$S_c/(\text{m}^2/\text{g})$ |
|---|---|---|---|---|---|
| 2987. 7～404. 3 | 446. 1 | 0. 000096 | 0. 000096 | 0. 008620 | 0. 008620 |
| 404. 3～272. 4 | 312. 3 | 0. 000023 | 0. 000119 | 0. 002921 | 0. 011541 |
| 272. 4～253. 0 | 261. 9 | 0. 000022 | 0. 000141 | 0. 003307 | 0. 014848 |
| 253. 0～166. 2 | 191. 1 | 0. 000018 | 0. 000159 | 0. 003829 | 0. 018677 |
| 166. 2～139. 0 | 149. 9 | 0. 000008 | 0. 000167 | 0. 002152 | 0. 020828 |
| 139. 0～129. 9 | 134. 1 | 0. 000013 | 0. 000180 | 0. 003885 | 0. 024713 |
| 129. 9～105. 0 | 114. 5 | 0. 000003 | 0. 000183 | 0. 000953 | 0. 025666 |
| 105. 0～84. 1 | 92. 0 | 0. 000004 | 0. 000186 | 0. 001565 | 0. 027231 |
| 84. 1～74. 9 | 78. 9 | 0. 000012 | 0. 000198 | 0. 005907 | 0. 033139 |
| 74. 9～59. 8 | 65. 4 | 0. 000005 | 0. 000203 | 0. 003060 | 0. 036199 |
| 59. 8～41. 3 | 43. 4 | 0. 000001 | 0. 000204 | 0. 001351 | 0. 037550 |
| 41. 3～37. 0 | 38. 8 | 0. 000005 | 0. 000209 | 0. 004674 | 0. 042225 |
| 37. 0～33. 3 | 34. 9 | 0. 000011 | 0. 000220 | 0. 013114 | 0. 055339 |
| 33. 3～30. 1 | 31. 5 | 0. 000017 | 0. 000238 | 0. 021984 | 0. 077322 |
| 30. 1～27. 3 | 28. 5 | 0. 000023 | 0. 000261 | 0. 032647 | 0. 109969 |
| 27. 3～24. 7 | 25. 8 | 0. 000027 | 0. 000288 | 0. 041303 | 0. 151272 |
| 24. 7～22. 2 | 23. 3 | 0. 000034 | 0. 000322 | 0. 058321 | 0. 209593 |
| 22. 2～21. 3 | 21. 7 | 0. 000028 | 0. 000349 | 0. 050765 | 0. 260358 |
| 21. 3～20. 4 | 20. 8 | 0. 000039 | 0. 000388 | 0. 074896 | 0. 335254 |
| 20. 4～19. 4 | 19. 9 | 0. 000016 | 0. 000405 | 0. 032887 | 0. 368141 |

表 2. 8　赵庄矿 12043 巷道煤样孔径、比表面积分布情况

Table 2. 8　Distributions of coal samples' apertures and specific surface areas in Zhaozhuang mine

| 孔径区间<br>$D/\text{Å}$ | 平均孔径<br>$D_A/\text{Å}$ | 区间孔容<br>$V_i/(\text{mL/g})$ | 累计孔容<br>$V_c/(\text{mL/g})$ | 区间比表面积<br>$S_i/(\text{m}^2/\text{g})$ | 累计比表面积<br>$S_c/(\text{m}^2/\text{g})$ |
|---|---|---|---|---|---|
| 5724. 5～2332. 4 | 2807. 3 | 0. 000658 | 0. 000658 | 0. 009379 | 0. 009379 |
| 2332. 4～1138. 8 | 1363. 7 | 0. 000609 | 0. 001267 | 0. 017850 | 0. 027229 |
| 1138. 8～816. 1 | 924. 3 | 0. 000291 | 0. 001558 | 0. 012613 | 0. 039842 |
| 816. 1～412. 0 | 491. 0 | 0. 000539 | 0. 002097 | 0. 043895 | 0. 083737 |
| 412. 0～275. 3 | 316. 3 | 0. 000254 | 0. 002351 | 0. 032118 | 0. 115855 |

| 孔径区间<br>$D/\text{Å}$ | 平均孔径<br>$D_A/\text{Å}$ | 区间孔容<br>$V_i/(\text{mL/g})$ | 累计孔容<br>$V_c/(\text{mL/g})$ | 区间比表面积<br>$S_i/(\text{m}^2/\text{g})$ | 累计比表面积<br>$S_c/(\text{m}^2/\text{g})$ |
|---|---|---|---|---|---|
| 275.3～207.0 | 231.1 | 0.000143 | 0.002494 | 0.024809 | 0.140663 |
| 207.0～165.1 | 181.1 | 0.000104 | 0.002598 | 0.022899 | 0.163563 |
| 165.1～137.9 | 148.9 | 0.000082 | 0.002680 | 0.022069 | 0.185632 |
| 137.9～114.7 | 124.0 | 0.000061 | 0.002741 | 0.019530 | 0.205162 |
| 114.7～103.1 | 108.2 | 0.000040 | 0.002781 | 0.014679 | 0.219841 |
| 103.1～82.0 | 90.0 | 0.000044 | 0.002824 | 0.019426 | 0.239267 |
| 82.0～67.8 | 73.4 | 0.000027 | 0.002851 | 0.014537 | 0.253803 |
| 67.8～57.5 | 61.7 | 0.000005 | 0.002856 | 0.003374 | 0.257177 |
| 57.5～52.5 | 54.7 | 0.000010 | 0.002867 | 0.007672 | 0.264849 |
| 52.5～33.5 | 34.6 | 0.000001 | 0.002868 | 0.001639 | 0.266488 |
| 33.5～21.3 | 21.7 | 0.000025 | 0.002893 | 0.046169 | 0.312657 |
| 21.3～20.3 | 20.8 | 0.000010 | 0.002903 | 0.018678 | 0.331335 |
| 20.3～19.4 | 19.8 | 0.000021 | 0.002924 | 0.042120 | 0.373455 |

从以上试验结果分析来看,两个矿的煤样孔隙分布虽然都存在一定的随机性,但是也有许多相似之处。从图 2.13 中可以看出,两个矿煤样的比表面积的增量变化一般出现在 20Å 左右,在微孔 30Å 左右段出现增量分布的高峰区,且在后续孔径处具有多峰分布,这就说明两种煤样拥有多个孔径分布集中区,微孔结构比较复杂,但从曲线可以看出煤中微孔占主导地位,是比表面积的主要组成部分,是煤层瓦斯赋存的主要空间。从图 2.14 中可以看出,寺河矿煤样的孔体积增量变化峰值出现在微孔段,表明微孔对孔体积有一定贡献,而赵庄矿的孔体积大部分是由中孔构成。

此外,对比两个矿的煤样来看,无论是孔表面积峰值还是孔体积峰值,赵庄矿 12043 巷道煤样均高于寺河矿 43023 巷道煤样,说明赵庄矿煤层的孔隙较寺河矿煤层发育,孔隙结构更丰富,这与电镜扫描的结果是一致的。

为考察煤与瓦斯突出的粉碎作用对煤孔隙结构的影响,对赵庄矿 12043 巷道煤样进行粉碎筛分,分别选取粒径为 20～40 目、40～60 目、60～80 目及 80～100 目的煤样进行孔隙结构特征测试,其结果如图 2.15 及表 2.9 所示。

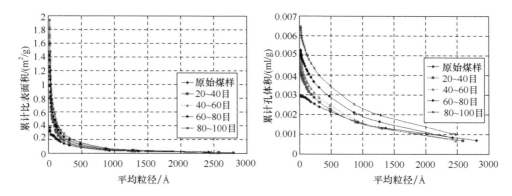

图 2.15　12043 巷道煤累计比表面积、累计孔体积与平均孔径曲线

Fig. 2. 15　Curves of specific surface areas, pore volume and average pore size in 12043coal seam

表 2.9　12043 巷道不同粒径煤的比表面积和孔体积

Table 2. 9　The surface area and pore volume of different coal particle size in 12043 landway

| 煤样类型 | 总比表面积/(m²/g) | | | 平均孔径/Å | | 总孔体积 /(cm³/g) |
|---|---|---|---|---|---|---|
| | BET 法 | Langmuir 法 | BJH 法 | BET 法 | BJH 法 | |
| 原始煤样 | 1.0271 | 1.4096 | 0.373 | 123.9910 | 313.140 | 0.002924 |
| 20~40 目 | 1.9135 | 2.7088 | 1.581 | 94.6286 | 113.004 | 0.004467 |
| 40~60 目 | 1.8137 | 2.5884 | 1.690 | 105.6738 | 116.593 | 0.004927 |
| 60~80 目 | 1.8784 | 2.6289 | 1.426 | 114.0383 | 146.730 | 0.005232 |
| 80~100 目 | 2.2818 | 3.2130 | 1.945 | 113.9013 | 132.664 | 0.006450 |

　　从上述测试结果可以看出,随着粒径减小,煤的比表面积及孔体积均随之增大,且增长部分主要集中在小孔及微孔孔径区间,可见煤与瓦斯突出的粉碎作用主要增加了煤体的小孔及微孔的比例,增加了煤体的扩散通道,有利于瓦斯气体的解吸和运移。这一结论与型煤试件的渗透性往往大于原煤试件及瓦斯抽采过程中爆破震动和声震法等能够提高瓦斯解吸扩散的效率是相吻合的。

### 2.2.3　煤裂隙结构的分形特征

　　煤岩体中的裂隙分布是十分复杂的,裂隙的数量和贯通性极大地影响甚至控制着煤岩体的变形、破坏和渗流特性。但是,对裂隙的密度和连通性进行测量和预测是一项非常重要而又困难的研究课题。

　　由当代数学家 Mandelbrot 创立并发展的分形几何学为定量描述和探索不规则事物变化的复杂性提供了有力工具。近年来,随着分形理论的发展,越来越多的

　　研究者将分形几何学应用到岩石力学的研究领域。研究表明[148,149]，煤体本身也是一种分形体，其裂隙结构分布具有统计规律上的自相似性。因此，可以利用分形理论对煤裂隙发育及分布的复杂程度进行研究。

　　分形理论认为，所有的分形对象都具有一个重要的特征，即可以通过一个特征数，也就是分维数来测定其不平整程度或复杂程度。分形理论自 20 世纪 70 年代由 Mandelbrot 创立以来，至今已经发展出了十多种不同的维数，包括拓扑维、Hausdorff 维、自相似维、盒子维、信息维、关联维等。本书将采用 Kolomogrov 容量维即盒维数来表征煤样表面裂隙的分形特征。

　　容量维又可称为盒维数（box-counting dimension），是 Hausdorff 的一种具体表现[148]。设 $(X,d)$ 为一距离空间，$A \in \xi(X)$，对每一个 $\varepsilon > 0$，设 $N(A,\varepsilon)$ 表示用来覆盖 $A$ 的半径为 $\varepsilon$ 的最小闭球数，如果下式存在：

$$D = \lim_{\varepsilon \to 0} \frac{\ln N(A,\varepsilon)}{\ln(1/\varepsilon)} \tag{2.1}$$

则称 $D$ 为 $A$ 的 Kolomogrov 容量维。

　　图 2.16 显示了用容量维来求煤岩裂纹分维数的具体示意图。在经过抛光的煤样表面定出一个边长为 $L_0$ 的正方形方格，统计切穿 $L_0$ 方格的裂隙条数，记为 $N(L_0)$；再将边长为 $L_0$ 的方格划分成边长为 $L_1 = L_0/m$（$m$ 为分形比，本书取 $m =$ 2）的正方形方格，方格数为 $m^2$ 个，统计切穿每个方格的裂纹条数，并累加作为 $L_1$ 尺度下的裂纹条数，记为 $N(L_1)$；依此可得 $N(L_2)$、$N(L_3)$、…、$N(L_n)$，再根据式(2.1)的定义，即可求出盒维数 $D$。

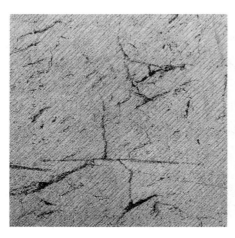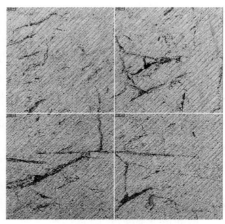

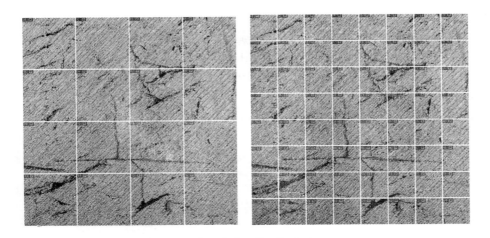

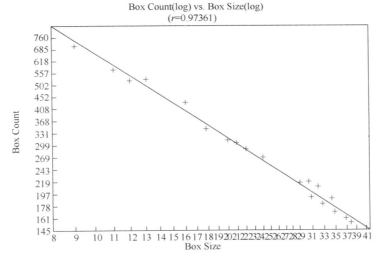

图 2.16　容量维计算示意图

Fig. 2.16　The figure of capacity dimension

本书选取山西省晋城煤业集团公司赵庄矿 13063 巷 1000m 及 1200m 处煤样，利用 CF-2000P 偏光分析软件和 Fractalfox2.0 分形软件分别对煤样平行层理面、垂直层理的两个面进行煤体表面裂隙的分形分析。

其具体分析过程如下。①煤样制作：把所采集的原煤经过切割、打磨、抛光，加工成 40mm×40mm×30mm 规格的煤样；②图像采集：利用高分辨率数码相机对制作好的煤样进行平行层理和垂直层理三个不同方向的面进行拍摄，得到原始煤样裂隙分布的数码图像，如图 2.17(a)所示；③获取裂隙结构图：将剪辑好的裂隙数码图像导入 CF-2000P 偏光分析软件，对导入的图像进行裂隙色度提取、去除杂点、色彩还原等处理后,即可获得裂隙结构图,如图 2.17(b)所示;④获取裂隙边界图:将裂隙结构图导入 Fractalfox2.0 分形软件,即可获得裂隙边界图,如图 2.17(c)所示,图中白色部分代表该软件处理得到的煤样裂隙边界;⑤计算分形盒维数:利用 Fractalfox2.0 分形软件对裂隙边界图进行分析,即可获取煤样裂隙分布的盒维数,如图 2.17(d)所示。

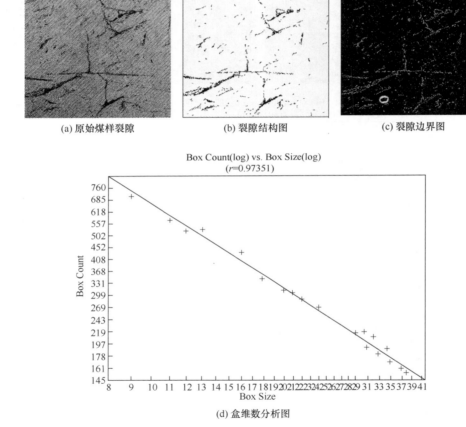

(a) 原始煤样裂隙　　　　　(b) 裂隙结构图　　　　　(c) 裂隙边界图

(d) 盒维数分析图

图 2.17　煤样裂隙结构分析过程

Fig. 2.17　The fracture structure analytic process of coal samples

基于上述方法,选取初始测量尺度 $L_0 = 40$mm 对 13063 巷 1000m 处的三个煤样及 1200m 处的三个煤样进行了裂隙结构的分析,作为示例,图 2.18 给出了煤样 YM-1000-2 裂隙分形盒维数分析图,表 2.10 则给出了所有煤样的分析结果。

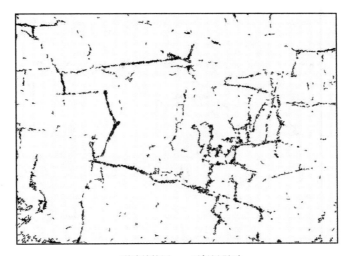

裂隙结构图——平行层理面

Box Count(log) vs. Box Size(log)
($r$=0.96769)

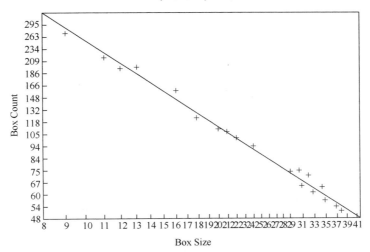

盒维数分析图——平行层理面

(a)

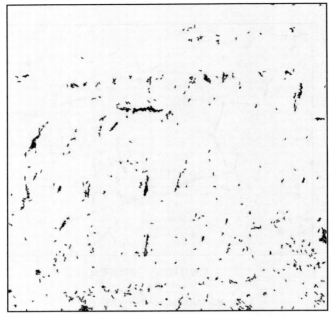

裂隙结构图——垂直层理面-A

Box Count(log) vs. Box Size(log)<br>($r$=0.96340)

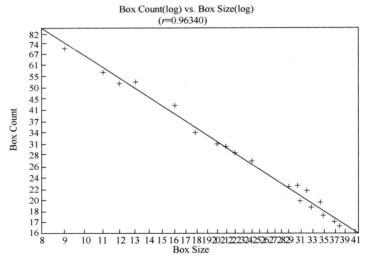

盒维数分析图——垂直层理面-A

(b)

裂隙结构图——垂直层理面-B

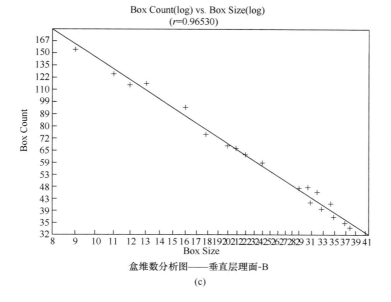

盒维数分析图——垂直层理面-B

(c)

图 2.18　YM-1000-2 煤样表面裂隙分布特征与盒维数分析

Fig. 2.18　YM-1000-2 coal sample crannies character and

box-counting dimension

**表 2.10　煤样表面裂隙分布分形维数**

**Table 2.10　The fractal dimension of crannies in coal sample**

| 煤　样 | 分形盒维数 | | |
|--------|-----------|---|---|
| | 平行层理面 | 垂直层理面-A | 垂直层理面-B |
| YM-1000-1 | 1.074449 | 1.029835 | 1.008872 |
| YM-1000-2 | 1.302574 | 1.260855 | 1.154949 |
| YM-1000-3 | 1.117337 | 1.059211 | 1.045748 |
| YM-1200-1 | 1.425713 | 1.123686 | 1.393864 |
| YM-1200-2 | 1.417039 | 1.060593 | 1.118424 |
| YM-1200-3 | 1.426323 | 1.162652 | 1.407510 |

　　从分析结果来看,随机抽取的煤样其裂隙结构均具有较好的自相似性,即煤样裂隙分布具有分形特征,且裂隙越发育,分形盒维数越大,因此,可用分形维数的大小来表征煤体裂隙的发育程度。此外,对于同一个煤样,不同方向上的分形维数有所差异,表明裂隙分布特征具有方向性。一般而言,平行于层理的面裂隙结构的分形盒维数比垂直层理的面大,同时垂直层理的两个面的裂隙结构盒维数也有大小之分,这与煤岩体受自重应力及构造应力作用密切相关。

　　本书还选取了另一初始测量尺度 $L_0 = 10mm$ 对所摄煤样表面裂隙结构进行分形研究,即将 $40mm \times 40mm$ 的图片 16 等分,再将每张小图片进行分形分析,其过程如图 2.19 所示,分析结果如图 2.20 所示。从图中结果可以看出,在 $L_0 = 10mm$ 与 $L_0 = 40mm$ 尺度下分析所得分形盒维数无太大差别,可见煤岩体裂隙结构的分形特征具有标度不变性,因此,小尺度煤样的裂隙结构分形特征亦能反映大尺度下煤岩体的裂隙结构特征。

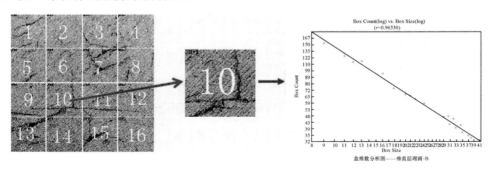

**图 2.19　小尺度下煤样表面裂隙分布特征与盒维数分析**

Fig. 2.19　The coal sample crannies character and box-counting dimension under last scale

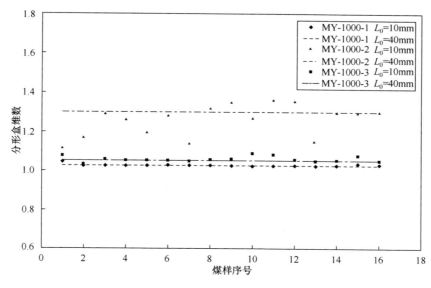

图 2.20　不同尺度下煤样表面裂隙分形盒维数

Fig. 2.20　The box-counting dimension of coal sample crannies under different scales

## 2.3　煤储层瓦斯赋存状态

### 2.3.1　煤储层瓦斯赋存机理

煤层瓦斯通常以吸附态、自由态和溶解态三种形式赋存、储集于煤层中,并且以吸附态为主,占 $80\% \sim 90\%$。因煤具有双重孔隙结构特点,吸附态瓦斯储集于煤质的孔隙中,自由态瓦斯则储集于煤的裂隙中,极少量溶解于裂隙中的地下水中。

1）溶解态赋存机理

煤储层的裂隙中通常都含有一定的地下水,在一定温度及压力作用下,裂隙中的少部分瓦斯便溶解于水中,其溶解度可用亨利定律[150]描述:

$$P_b = K_c C_b \qquad 或者 \qquad C_b = \frac{1}{K_c} P_b = K_c' P_b \tag{2.2}$$

式中,$P_b$ 是气体在液体上方的蒸汽平衡分压,Pa;$C_b$ 是气体在水中的溶解度,mol/m³;$K_c$ 是亨利常数,取决于气体的成分和温度;$K_c'$ 是溶解系数。

从式(2.2)中可以看出,在一定温度条件下,气体在液体中的溶解度与压力成正比。同时,气体在液体中的溶解度不仅与压力有关,与温度也有很大的关系,温度越高,溶解度则越小。

2) 游离态赋存机理

在煤储层的裂隙中,除了地下水中溶解态的瓦斯,还有与水混相共存着的自由态瓦斯。在等温条件下可按真实气体状态方程来描述:

$$PV = ZnRT \qquad 或者 \qquad V = \frac{ZnRT}{P} \tag{2.3}$$

式中,$V$ 是气体体积,L;$P$ 是气体压力,MPa;$T$ 是热力学温度,K,即 $T = t + 273$,其中 $t$ 为温度,℃;$n$ 是气体物质的量;$R$ 是摩尔气体常数,取值为 0.8205;$Z$ 是气体压缩因子,定义为在给定温度、压力条件下,真实气体所占体积与相同条件下理想气体所占体积之比。

3) 吸附态赋存机理

由于煤层瓦斯大部分以吸附态存在于煤储层孔隙的表面,因此研究者也大都集中于吸附机理的研究。目前,研究者提出的煤层瓦斯吸附模型就有多种[20],如 Henry 模型、Brunauer-Emmett-Teller 模型、Feundlic 模型、Polanyi 模型、Temkhh 模型和 Langmuir 模型等。

通常我们所说的吸附是指气体附着在固体表面上的现象。按照被吸附物和吸附物之间吸附力的性质,可将吸附分为物理吸附和化学吸附两类。由于气体与固体表面接触时,彼此之间没有达到热力学平衡[22],由此而导致吸附作用的发生。

在煤基质块中含有大量的微孔隙,其比表面积与孔容的比率较大,具有很强的吸附能力。在煤中微孔隙内表面上的固体分子,因同时受到固体内部分子和外部空间瓦斯气体分子的吸引,由于内部分子对它的吸引力大于气体分子对它的吸引力,在没有饱和的状态下,固体表面层分子受到向内的拉力,因而在表面上形成吸附场,具有吸附周围空间更多的气体分子、形成"类液相"吸附层的趋势,以达到热力学平衡状态。煤固体分子吸附瓦斯气体分子的作用力是范德华引力,即分子间引力,因此煤对瓦斯的吸附属于物理吸附。煤的吸附作用开始很快,越往后越慢。由于是表面作用,被吸附的瓦斯分子容易从煤内表面上解吸下来变成游离相。当吸附速度与解吸速度相等时,即达到吸附平衡。

研究表明,煤储层对瓦斯的吸附量与温度及压力有关,用单位质量煤吸附的气体体积来表示。为了实验研究方便,通常在保持温度不变的情况下,测定不同压力条件下煤对气体的吸附量,拟合所得曲线即为吸附等温线。研究者从动力学理论、热力学理论和位能理论出发,分别建立了朗缪尔、吉布斯和势差三种模型来描述吸附等温线。

目前,用于描述煤对气体吸附等温线最广泛的模型是朗缪尔模型(Langmuir,

1918),它是根据汽化和凝聚的动力学平衡原理建立起来的单分子层吸附模型[151]。为简化对方程表达式的推导,朗缪尔作了以下几点假设:

一是气体分子只有碰撞到孔隙的空白表面处才能被吸附,而碰撞到已被吸附的分子表面时,发生的则是弹性碰撞,即只发生单分子层吸附;

二是被吸附的气体分子离开表面回到气相的概率相等,不受临近有无吸附分子的影响,即吸附分子间无相互作用;

三是气体分子被吸附在孔隙表面的任何位置,所放出的吸附热都相等,即固体表面是均匀的;

四是气体吸附平衡是动态平衡,即达到吸附平衡时,吸附仍在进行,相应的解吸(脱附)也在进行,但吸附速度等于解吸速度。

在以上的假设基础上,朗缪尔推导出了等温吸附方程:

$$Q = \frac{abp}{1+bp} \qquad \text{或者} \qquad Q = \frac{ap}{p_L + p} \qquad (2.4)$$

式中,$Q$ 为标准状态下的瓦斯吸附量,m³/t;$a$ 为瓦斯极限吸附量,m³/t;$b$ 为朗缪尔吸附常数,Pa⁻¹;$p$ 为吸附平衡时的瓦斯压力,Pa;$p_L$ 为朗缪尔压力,在此压力下吸附量达到最大吸收能力的 50%,其对应于吸附常数 $1/b$。

在式(2.4)中,$a$ 表征煤具有的最大吸附能力,与煤体内孔隙的比表面积及吸附气体有关,不同变质程度的煤,吸附常数 $a$ 值有较大差异;$b$ 反映煤孔隙的内表面对气体的吸附能力,与温度、吸附气体有关,温度变化引起的吸附量变化主要体现在 $b$ 值上。

此外,煤的等温吸附量除与温度、压力有关外,还受煤体本身结构性质的影响。煤的等温吸附特性随煤级和显微组分组不同而变化,主要是因为煤级和显微组分组变化导致煤的分子结构、孔隙结构以及液态烃形成和裂解,引起煤的比表面积、平衡水分和内表面物理化学活性差异产生的结果。同时,煤的等温吸附曲线描述的是含气饱和情况下瓦斯的吸附量,但在实际煤储层中,由于受各种地质因素的影响,导致瓦斯逸散,瓦斯含量往往低于在给定条件下煤对瓦斯的最大吸附量,其含气饱和度小于 1。

## 2.3.2　等温吸附试验及瓦斯吸附常数

通过等温吸附试验可考察煤储层吸附瓦斯量的性质,本书以取自山西省晋城煤业集团公司赵庄矿 3# 煤层 13063 巷煤样为例进行阐述。

1) 工业分析

根据等温吸附试验的需要,首先对试样进行了工业分析。利用 5E-MACⅢ红外快速煤质分析仪进行煤质分析,结果如表 2.11 所示。

表 2.11　煤样分析结果

Table 2.11　The analysis results of coal sample

| 水分/% | 灰分/% | 挥发分/% | 真密度/(t/m³) | 视密度/(t/m³) | 孔隙率/% |
|---|---|---|---|---|---|
| 1.76 | 12.07 | 12.45 | 1.44 | 1.4 | 2.78 |

2）等温吸附试验

（1）试验方法及仪器。

高压容量法是目前测定煤样等温吸附曲线的常用方法，该方法基于朗缪尔吸附理论，其测定过程如下：对所取煤样进行粉碎，筛选粒径 40～60 目的煤样；在干燥箱中 80℃环境下干燥 12h，称取 50g 左右的干燥煤样装入吸附缸中；进行真空脱气至 4.0Pa，用倒吸法测定除煤实体外的死空间体积；设定一定温度，向吸附缸中充入一定体积的甲烷，吸附缸中部分气体被煤吸附，部分气体仍游离于死空间，当压力达到平衡后，扣除死空间的游离甲烷量，即为吸附量。重复上述测定步骤，即可获得若干个不同压力下的吸附量，以压力对应下的吸附量进行绘图即可得煤样瓦斯吸附等温线。当采用压力由低到高充入甲烷气体方式测定时，得到吸附等温线。反之，得到解吸等温线。从理论上讲，认为等温吸附和解吸过程是可逆的。

本书所用仪器为重庆大学购置的 HCA 型高压容量法吸附装置（如图 2.21 所示）。该装置主要由超级恒温箱、气路系统和监测系统三部分组成。超级恒温箱可为试验提供恒定温度场；气路系统包括吸附缸、储气罐、真空机组、阀门和管道；监测系统包括高压传感器、低压传感器、信号处理器、计算机等。

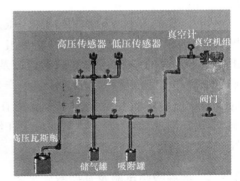

(a) HCA型吸附试验装置　　　　　　　　(b) 吸附试验气路系统

图 2.21　HCA 型吸附试验系统

Fig. 2.21　HCA type adsorption experimental system

（2）试验内容。

试验所用吸附气体为甲烷，分别在 30℃、35℃、40℃、45℃、50℃温度条件下进行充气压力分别为 1MPa、2MPa、3MPa、4MPa、5MPa 的等温吸附试验，测定各温度条件下煤样对甲烷的吸附量。

（3）试验结果及分析。

根据试验结果，绘制了不同温度下瓦斯吸附等温线，如图 2.22 所示。由图可以看出，当温度恒定时，煤样对甲烷的吸附量随瓦斯压力升高而增大；在瓦斯压力较低时，吸附量随瓦斯压力增加的速度较快，在瓦斯压力大于 2MPa 以后，瓦斯吸附量增加的速度逐渐变缓。因此可以推断，当瓦斯压力升到足够大时，煤的瓦斯吸附量也达到饱和，往后再增加瓦斯压力，吸附量则基本保持不变。当恒定瓦斯压力时，随着温度的升高，煤的瓦斯吸附量呈下降趋势，这是因为温度对瓦斯脱附起活化作用，温度越高，煤样中的游离瓦斯越多，吸附瓦斯越少。

为求取不同温度下的吸附常数，对式（2.4）作如下变换：

$$\frac{p}{Q}=\frac{p}{a}+\frac{1}{ab} \tag{2.5}$$

将某一温度下的 $p/Q$ 作为因变量，$p$ 作为自变量进行绘图，并进行线性拟合，如图 2.23 所示，则所得直线的斜率对应为 $1/a$，所得直线的截距则对应为 $1/ab$，即可求出不同温度下的吸附常数 $a$、$b$，如表 2.12 所示。

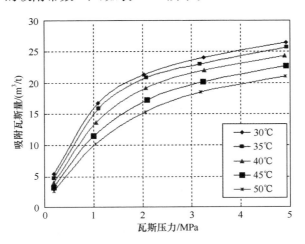

图 2.22　不同温度下瓦斯吸附等温曲线

Fig. 2.22　Gas absorption isothermal curves subject to varying
temperature and pressure

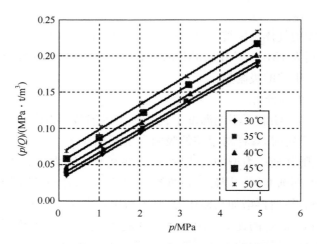

图 2.23 吸附参数拟合曲线

Fig. 2.23 The fitting curves of absorption parameters

表 2.12 不同温度及压力下瓦斯吸附试验结果

Table 2.12 Gas absorption performance subject to varying temperature and pressure

| 温度/℃ | 拟合公式 | 相关性系数 | 吸附常数 $a/(m^3/t)$ | 吸附常数 $b/MPa^{-1}$ |
|---|---|---|---|---|
| 30 | $p/Q=0.0319p+0.0298$ | 0.9997 | 31.34796 | 1.070470 |
| 35 | $p/Q=0.0321p+0.0342$ | 0.9996 | 31.15265 | 0.938596 |
| 40 | $p/Q=0.0326p+0.0415$ | 0.9998 | 30.67485 | 0.785542 |
| 45 | $p/Q=0.0334p+0.0523$ | 0.9998 | 29.94012 | 0.638623 |
| 50 | $p/Q=0.0343p+0.0640$ | 0.9994 | 29.15452 | 0.535938 |

根据表 2.12 中吸附试验得到的不同温度时的瓦斯吸附常数,可绘制吸附常数 $a$、$b$ 值随温度 $T$ 的变化曲线,如图 2.24 所示。由图可以看出,随着温度的升高,吸附常数 $a$ 值逐渐减小。但减小的数值不大,这是因为煤对瓦斯的最大吸附量主要受煤孔隙率及孔隙比表面积的控制。但吸附是一个放热的过程,当外部温度较高时,煤孔隙表面吸附势阱提高,吸附的瓦斯分子数相对减少,因此出现吸附量随温度升高有所降低;同时,吸附常数 $b$ 值主要受温度及吸附气体控制,由于本书吸附气体未变,因此温度对吸附的影响主要体现在 $b$ 值上。朗缪尔吸附理论认为 $b$ 值反映的是吸附速率与解吸速率的关系,而解吸为吸热过程,外部环境温度越高,解吸则越易进行,即 $b$ 值越小,因此 $b$ 值随温度升高呈直线下降。从图 2.24 中的拟合曲线可以得出,吸附常数 $a$、$b$ 与温度 $T$ 的关系可分别用二次函数和线性方程表示:

$$a=A_1T^2+B_1T+C_1 \qquad b=A_2T+B_2 \qquad (2.6)$$

式中，$A_1$、$B_1$、$C_1$、$A_2$、$B_2$ 均为试验拟合参数。将式(2.6)代入式(2.4)中，即可计算出不同温度条件下，煤储层中吸附瓦斯含量。

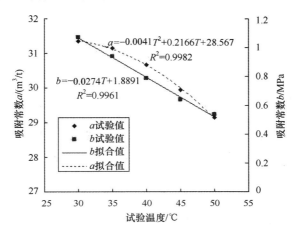

图 2.24　吸附常数 $a$、$b$ 与温度的关系

Fig. 2.24　The relationship of adsorption constant $a$、$b$ and temperature

### 2.3.3　煤储层瓦斯源失稳分析

在原始煤储层中，游离瓦斯和吸附瓦斯处于一种稳定的动态平衡状态。虽然煤储层中的瓦斯蕴藏着巨大的能量，但游离瓦斯并不发生宏观流动，同时吸附状态的瓦斯也并不能产生瓦斯压力，因此，处于稳定状态的煤层瓦斯源也就不能对外做功而成为煤与瓦斯突出的动力来源。只有当矿山工程活动导致煤层地应力及瓦斯压力等发生变化时，煤中瓦斯压力变化使吸附平衡破坏以后——煤储层瓦斯源处于失稳状态，吸附状态的瓦斯大量转变为游离状态的瓦斯，而游离瓦斯发生膨胀产生膨胀功，释放出破碎与抛掷煤体的巨大能量。因此，煤储层中瓦斯解吸特征是反映瓦斯气体在煤与瓦斯突出过程中作用大小的最为重要的指标，主要包括解吸速度和解吸量[145]。

由上述分析可知，即便煤储层瓦斯源发生失稳，但当煤放散瓦斯的速度比较小，瓦斯放散过程较平稳，放散瓦斯量也较小，则不会产生明显的瓦斯动力效应，瓦斯在突出中的作用也就较小；而当煤放散瓦斯的速度较大，煤储层孔隙又不发育时，煤层内形成较大的瓦斯压力梯度后，瓦斯内能的释放形式将比较集中，在适宜的外界条件下可能具有强烈的气体动力效应。大量的研究成果[152~154]均已表明，有突出危险倾向性的煤层均具有快速放散瓦斯的特性，在短时间内能够释放大量的瓦斯内能，从而导致强烈的气体动力效应。

在理论层面上，煤层瓦斯解吸与吸附是一个互为完全可逆的过程，因此，其解吸量与吸附量相当,而前文已叙及煤储层瓦斯吸附性,这里不再赘述。煤的瓦斯解吸速度则可以看成当吸附平衡压力解除后,从已脱离煤层整体的破碎煤中的解吸瓦斯的涌出速度。这取决于吸附瓦斯自煤的内表面解吸下来并经过煤的内部孔隙和外部裂隙通道进入采掘空间的整个过程。从分子运动的角度来看,气体分子的吸附与解吸过程是非常快的,即瓦斯从煤中孔隙表壁上的解吸是瞬间完成的,而后瓦斯通过基质和微孔扩散到裂隙网络中。因此,瓦斯的解吸扩散速度主要取决于瓦斯从微孔中的散出过程。

为了研究煤样解吸瓦斯涌出规律,煤炭科学研究总院重庆研究院对在不同吸附压力下不同粒度的煤样进行了试验,该试验的条件与煤样突然暴露在空气中的情况基本一致,其结果如图 2.25 所示。

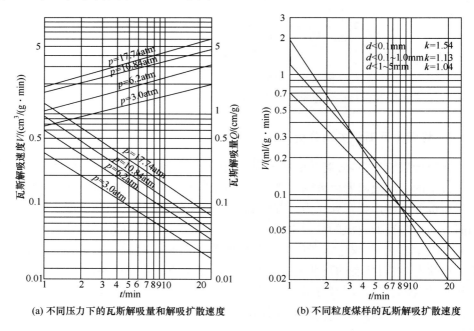

(a) 不同压力下的瓦斯解吸量和解吸扩散速度　　　　(b) 不同粒度煤样的瓦斯解吸扩散速度

图 2.25　不同吸附压力下,不同粒度煤样的瓦斯解吸扩散速度[145]

Fig. 2.25　Desorption velocity of coal sample with different particle size
under different pressure

该试验结果表明,同一煤样在解吸压力大的条件下其解吸瓦斯量也大,不同平衡压力下解吸瓦斯的情况如图 2.25(a)所示,在对数图上正好成一组斜率相同的平行线,其截距大小与最大解吸量成正比;同时,煤样的解吸速度与解吸量呈现相似的变化规律,只是其平行线的斜率小于 0,且其大小与 $p^{1/2}$ 近似成正比;大粒度的煤,微孔隙表面(吸附中心)至煤表面的距离大,瓦斯涌出所经过的裂隙距离较长,因此一般情况下,粒度大的煤样瓦斯解吸过程较慢,解吸量和解吸速度均小,如图

2.25(b)所示。

在煤层瓦斯源发生失稳时，煤层内储存的瓦斯内能快速释放，参与对外做功。其中，一部分为游离瓦斯体积膨胀释放的内能；另一部分则为吸附瓦斯从解吸到压力释放所释放的内能。

对于游离瓦斯膨胀而释放的瓦斯膨胀内能的计算，文献[155]认为在煤和瓦斯突出的区域预测中，预测瓦斯的压缩能应该比预测瓦斯膨胀能更为重要一些，并根据压缩能的定义，推导出了单位体积煤孔隙中游离瓦斯压缩能：

$$W_P = \frac{1}{2}p\{\exp(\beta_T \Delta T + 2 - \sqrt{4 - 2\beta_T \Delta T}) - 1\} \tag{2.7}$$

式中，$W_P$ 为单位煤体中游离瓦斯膨胀而释放的瓦斯膨胀内能；$p$ 为煤层瓦斯压力；$\beta_T$ 为含瓦斯煤岩的热膨胀系数；$\Delta T$ 为瓦斯膨胀前后的温度差。

对于吸附瓦斯解吸而释放的瓦斯吸附内能的计算，文献[29]研究表明，从单位体积的突出煤中解吸的瓦斯气的能量与体积之间存在一个显著的线性关系：

$$W_{gs} = \lambda \Gamma = \lambda \left(\frac{p_0}{p}\right) \Gamma_0 \tag{2.8}$$

式中，$W_{gs}$ 为瓦斯解吸所释放的能量；$\Gamma$ 为在瓦斯压力 $p$ 下从单位体积突出煤中解吸的瓦斯体积；$\Gamma_0$ 为在瓦斯压力 $p_0$（本书中取 $p_0$ 为大气压，即 $p_0 \approx 0.1\text{MPa}$）下从体积 $\Gamma$ 中释放出的瓦斯气体体积；$\lambda$ 为解吸单位体积瓦斯所释放的瓦斯内能。

如果煤与瓦斯突出持续时间为 $t$，在突出过程中 $\Gamma_0$ 的平均值可以估算为

$$\Gamma_0 = \frac{6Q_0}{\sqrt{\pi}(n-1)}\left(\frac{4Dt}{d^2}\right)^n \tag{2.9}$$

式中，$Q_0$ 为煤层初始瓦斯含量；$D$ 为瓦斯在煤层中的扩散系数，$\text{m}^2/\text{s}$；$n$ 为 Airey 常数，对于甲烷，$n = 1/2$；$d$ 为煤颗粒的平均直径。

将式(2.9)代入式(2.8)，则

$$W_{gs} = \lambda \left(\frac{p_0}{p}\right)\frac{6Q_0}{\sqrt{\pi}(n-1)}\left(\frac{4Dt}{d^2}\right)^n \tag{2.10}$$

由式(2.7)和式(2.10)可得单位煤岩体中瓦斯源失稳时释放的瓦斯总内能，即潜在瓦斯能密度为

$$W_g = W_P + W_{gs} = \frac{1}{2}p\{\exp(\beta_T \Delta T + 2 - \sqrt{4 - 2\beta_T \Delta T}) - 1\} + \lambda \left(\frac{p_0}{p}\right)\frac{6Q_0}{\sqrt{\pi}(n-1)}\left(\frac{4Dt}{d^2}\right)^n \tag{2.11}$$

综上分析可知，煤储层原始瓦斯压力、孔隙率越大，且煤层破坏程度越强，则瓦斯源失稳时的解吸扩散速度越大，释放的潜在瓦斯内能越多，煤储层发生煤与瓦斯突出的危险性也就越高。

# 2.4 本章小结

本章在电镜扫描、比表面积分析、分形分析及等温吸附试验的基础上,对后续研究中所用到的煤样的孔渗特征及其吸附解吸特性进行了研究,所做主要工作及结论如下。

1)分析了煤岩孔隙的形态及结构特征

在系统总结煤岩孔隙的成因及分类的基础上,通过 VEGA II 型自带能谱扫描电镜,对取自山西晋城赵庄煤矿和寺河煤矿的煤样进行了孔隙形态特征观察。电镜扫描结果表明,所测试的试验煤样孔隙主要以变质孔——气孔为主,大多以密集状和稀散状分布在镜质组中,孔隙断面形状为扁平状,并分布有与层理面垂直的微裂隙。同时,煤岩的孔裂隙分布还具有一定的方向性,煤岩的原生孔隙方向主要是沿着煤层的层理方向发育,平行层理方向的孔隙分布均匀且密集,而垂直层理方向的孔隙发育相对较少。此外,利用 ASAP 2020 比表面积分析仪对煤样孔隙结构的分析结果表明,煤中孔隙以微孔为主导,是比表面积的主要组成部分,构成了煤层瓦斯赋存的主要空间。同时,通过对不同粒径煤样的测试表明,粉碎作用主要增加了煤体的小孔及微孔的比例,增加了煤体的扩散通道,有利于瓦斯气体的解吸和运移。

2)分析了煤岩裂隙结构的分形特征

在系统总结煤岩裂隙的成因及分类的基础上,利用 CF-2000P 偏光分析软件和 Fractalfox2.0 分形软件分别对山西晋城赵庄矿 13063 巷 1000m 及 1200m 处煤样平行层理面、垂直层理的两个面进行了煤体表面裂隙的分形分析。结果表明,煤样裂隙分布具有分形特征,裂隙越发育,分形盒维数越大,因此,可用分形维数的大小来表征煤体裂隙的发育程度。此外,煤样裂隙分布特征具有方向性,平行于层理面的裂隙结构其分形盒维数比垂直层理面的大,同时垂直层理的两个面的裂隙结构盒维数也有大小之分,说明煤样孔裂隙结构与煤岩体所受自重应力及构造应力作用密切相关。

3)试验研究了煤样的瓦斯吸附特性,得到了不同温度下的等温吸附曲线及吸附常数 $a$、$b$

利用 HCA 型高压容量法吸附装置对赵庄矿 3# 煤层 13063 巷煤样进行了不同温度下的瓦斯吸附试验。结果表明,恒定温度情况下,随着瓦斯压力的增加,煤样吸附瓦斯量呈对数曲线增长;恒定瓦斯压力情况下,随着温度的升高,煤体瓦斯吸附量呈下降的趋势。此外,利用朗缪尔吸附理论来解释瓦斯在煤层中的吸附特性,并可计算得到不同温度下的极限吸附量 $a$ 值与吸附常数 $b$ 值,并拟合得到了吸附常数 $a$、$b$ 与温度 $T$ 的函数关系式:$a=A_1 T^2+B_1 T+C_1$,$b=A_2 T+B_2$。

　　4）提出了瓦斯源失稳概念，并对煤储层瓦斯源失稳状态进行了分析

　　分析结果表明，煤储层原始瓦斯压力、孔隙率越大，且煤层破坏程度越强，则瓦斯源失稳时的解吸扩散速度越大、释放的潜在瓦斯内能越多，煤储层发生煤与瓦斯突出的危险性也就越高。考虑吸附瓦斯解吸也是能量释放过程，进而对只考虑游离瓦斯压缩能在内的煤储层潜在瓦斯能密度计算公式进行了如下修正：

$$W_g = W_p + W_{gs} = \frac{1}{2} p \left\{ \exp(\beta \Delta T + 2 - \sqrt{4 - 2\beta \Delta T}) - 1 \right\} + \lambda \left( \frac{p_0}{p} \right) \frac{6Q_0}{\sqrt{\pi}(n-1)} \left( \frac{4Dt}{d^2} \right)^n$$

# 第3章 含瓦斯煤岩破坏过程中热流固耦合力学作用机理

## 3.1 概　述

众所周知,煤储层都处于一定的地质环境中,该地质环境包含地应力、瓦斯压力和温度等主要因素,这些因素之间相互影响、相互作用和相互制约,形成了煤层应力场、渗流场及温度场等多场耦合效应。近年来,随着煤炭资源进入深部开采,人们更加认识到深部煤层所赋存的地质环境的复杂性及其所诱发灾害的多变性是多场相互作用的结果[156]。煤储层多场耦合效应一般具体表现在:应力场的变化将导致煤储层有效孔隙大小的变化(变形),有效孔隙大小的变化将影响煤层的渗透特性;煤层瓦斯渗流场的存在,一方面将使流动瓦斯参与煤层系统中的热量传递与热交换,影响煤层温度场的分布,另一方面瓦斯吸附、解吸过程也将影响煤层的变形特性及温度场的分布;而煤储层中温度场的改变,将引起瓦斯的黏度和煤层渗透系数等的改变,还会由于温度梯度的存在引起瓦斯的运动,影响岩体渗流场的分布,同时,温度场引起的热应力将改变应力场分布,对煤层变形特性带来影响。

研究表明,含瓦斯煤岩破坏失稳的过程即是伴随着多场耦合作用的过程。因此有必要进行煤岩力学特性、煤层瓦斯渗流和温度等多场耦合的综合试验研究,以期更客观地反映煤储层的工程特性,从而更清晰地认知煤与瓦斯突出的发生机理。本章将在详细介绍自主研发的含瓦斯煤岩热流固耦合三轴伺服渗流装置并利用该装置开展相关试验研究的基础上,深入分析热流固耦合作用下含瓦斯煤岩的变形破坏特性及其渗透特性,建立考虑吸附瓦斯及温度影响的含瓦斯煤岩强度判据及其渗透率计算模型。

## 3.2 含瓦斯煤岩热流固耦合三轴伺服渗流装置的研制

### 3.2.1 研制思路及目的

煤储层是一种由天然裂隙和基质孔隙组成的双重结构模型,煤储层渗流场除受自身孔、裂隙发育特征控制外,地质构造、地应力状态、瓦斯压力、地温、煤基质收缩作用、煤层埋深、煤体结构及地电场等都不同程度地影响着煤储层的渗透性,而煤储层的渗透率是这些因素综合作用的表征,其计算方法研究一直以来都是煤层瓦斯渗流理论研究的关键,也是煤矿安全工作者研究煤与瓦斯突出等矿井动力灾害发生机制的关键切入点。

为了研究煤储层的渗透性,在 20 世纪 70 年代,就有国外学者研发了相关渗流试验设备并进行了系列研究,取得了不少相关研究成果。Sommerton 等[157]研究了应力对煤体渗透性的影响。McKee 等[158]开展了应力与煤孔隙度和渗透率之间关系的研究。Harpalani 等[159,160]研究了应力对煤解吸渗流的影响规律。Enever 等[161]研究了煤体有效应力对渗透率的影响规律。在国内,林柏泉等[67]及彭担任[162]较早地利用自制的煤样瓦斯渗透试验装置研究了含瓦斯煤岩在围压不变的前提下,孔隙压力和渗透率以及孔隙压力和煤样变形间的关系。鲜学福等[69,163]利用自制的渗流装置,先后对煤样在不同应力状态下、不同电场下、不同温度下及变形过程中的渗透率进行了研究。胡耀青等[73]研制了"煤岩渗透试验机"与"三轴应力渗透仪",进行了三维应力作用下煤体瓦斯渗透规律的试验研究。刘建军等[74]利用自制试验设备以低渗透多孔介质为研究对象,通过试验得出孔隙度、渗透率随有效压力变化的曲线。唐巨鹏等[75]自制了三轴瓦斯渗透仪,试验研究得到了有效应力与煤层瓦斯解吸和渗流特性间的关系。隆清明等[76]自行研制"瓦斯渗透仪",进行了孔隙气压对煤体渗透性影响的试验研究。彭永伟等[77]利用一种夹持装置,通过试验研究了不同尺度煤样在围压加、卸载条件下的渗透率变化。

然而,各单位所设计开发的渗流试验装置,虽在一定程度上推进了渗流力学的研究并加深了煤层瓦斯运移机制的认识,但也存在以下不足:①所考虑的渗透率影响因素相对比较单一,未综合考虑应力、瓦斯压力、温度影响及变形等,不能完全模拟现场煤层瓦斯渗流受各因素综合作用的实际情况;②应力加载系统多为手动,加载过程不稳定;③充气系统多为点充气,未能实现实际煤层瓦斯源的情况;④试件变形等数据采集大都采用应变片,流量则采用排水法等,这些测试技术误差相对较大;⑤试件安装及设备装备过程不方便。为此,迫切需要研制出一套功能更趋完备的含瓦斯煤岩渗流试验装置,以便更深层次地探索各因素对瓦斯渗流的作用机制,为防治煤与瓦斯突出灾害及煤层瓦斯抽采等提供技术参考。

基于上述考虑,本章在重庆大学西南资源开发及环境灾害控制工程教育部重点实验室的支持下,自主研发了含瓦斯煤岩热流固耦合三轴伺服渗流装置。

### 3.2.2　渗流装置的技术方案

含瓦斯煤岩热流固耦合三轴伺服渗流装置主要由伺服加载系统、三轴压力室、水域恒温系统、孔压控制系统、数据测量系统和辅助系统六个部分组成,其主体结构如图 3.1 所示。

1) 伺服加载系统

伺服加载系统实现了加载过程的连续性、稳定性和精确性,且加载方式多样化,其主要由如下三个部分构成。

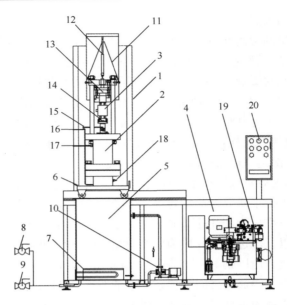

1—升降机；2—三轴压力室；3—轴压传感器；4—伺服液压泵；5—恒温水域；6—活动工作台；7—水域加热管；
8—进水阀；9—排水阀；10—水域循环泵；11—吊绳；12—轴向位移传感器；13—轴向液压缸；14—球形压头；
15—进气阀；16—出气阀；17—排空阀；18—围压进排油阀；19—伺服阀；20—控制台

(a) 结构示意图

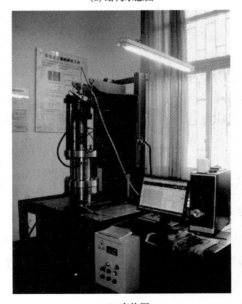

(b) 实物图

图 3.1　三轴伺服渗流装置

Fig. 3.1　Three-axis servo seepage equipment

（1）轴向加载机架（见图3.2）。轴向加载机架由上横梁、三轴压力室上座和立柱构成，上横梁与三轴压力室上座分别固定在四根立柱的上下端形成加载框架结构。在上横梁上装有门形框架固定的轴向位移传感器，该传感器可测试加压活塞杆的位移，从而可间接计算出试件的轴向变形。为了避免压头的偏压，使得试验结果更能反映出试件的真实受力情况，将轴向加载压头设计成了球形万向压头。

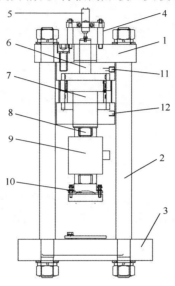

1—上横梁；2—立柱；3—三轴压力室上座；4—门形框架；5—轴向位移传感器；6—液压缸上活塞杆；
7—液压缸；8—液压缸下活塞杆；9—轴压传感器；10—球形压头；11—进油孔；12—出油孔

图3.2 轴向加载机架

Fig. 3.2 The stander of axial loading

（2）伺服液压站（见图3.3）。伺服液压站是轴压和围压加载的动力来源。为了达到伺服控制的目的，采用德国MOGO公司生产的精密伺服阀，精密伺服控制产生轴压和围压的缸体动作。伺服液压站采用一缸两泵的设计，让两台液压泵分别产生轴压和围压，液压泵型号为YTY100L1-4PA，额定流量4.5L/min，额定压力为21MPa。通过伺服液压站的控制，可使轴压最大达到100MPa，围压最大达到10MPa。此外，为了防止液压站长时间工作带来的油温升高，设计了循环水域冷却系统，达到了长期稳压的效果。

（3）控制台（见图3.4）。控制台由计算机和MaxTest-Load试验控制软件、按钮控制台等组成，可实现试验过程全程自动化控制，安全可靠。其中，试验过程由电脑程序自动控制，而液压站的启动与停止动作等由按钮操作完成。试验过程中的加载参数可根据需要进行设定。

图 3.3　伺服液压站

Fig. 3. 3　Servo-controlled testing device

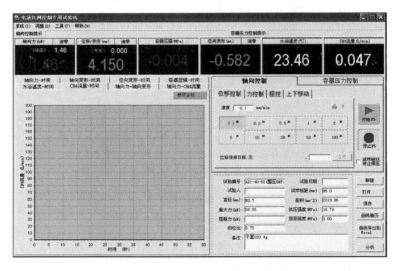

图 3.4　MaxTest-Load 控制系统主程序界面

Fig. 3. 4　Main program interface of MaxTest-Load control system

2）三轴压力室

三轴压力室是该渗流装置的核心部件,是放置煤(岩)试件及产生试验所需围压环境的重要机构,其主体结构如图 3.5 所示。

三轴压力室由上座和下座两部分组成,通过 12 颗螺栓进行连接,连接处设有"O"形密封圈,可有效地防止漏油。三轴压力室整体采用 C45 不锈钢材料加工制作,其筒体高度为 535.0mm,外径为 φ215.0mm,内径为 φ155.0mm,加压活塞杆和支承轴的直径均为 50.0mm。

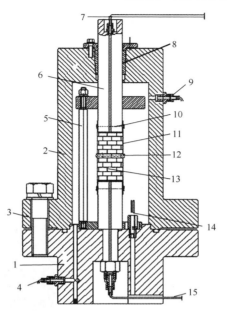

1—下座；2—上座；3—螺栓；4—进排油孔；5—导向装置；6—加压活塞杆；7—进气管；8—导向套；
9—排空气孔；10—金属箍；11—热缩管；12—径向位移传感器；13—试件；14—传感器接线柱；15—出气管

(a) 工作原理图

(b) 实物图

图 3.5　三轴压力室

Fig. 3.5　Triaxial compression chamber

　　为使气体均匀地从试件断面流过,将加压活塞杆下端和支撑轴上端分别设计成一个小腔室及环状面孔,如图3.6所示。如此设计实现了"面充气",而不再是以往的"点充气",更加逼真地实现了实际煤层瓦斯流动情况。

　　此外,在试验腔内设有导向装置,如图3.7所示。该导向装置由上定心盘、下定心盘以及四根螺杆组成。上定心盘和下定心盘的中心都开有圆孔,支撑轴经下定心盘的中心圆孔伸出,加压活塞杆经上定心盘中心的圆孔伸入与试件接触。该导向装置一是在试件安装过程中可对三轴压力室上座进行导向,能够让上座与下座进行很好的对位;二是上定心盘和下定心盘的中心开孔可很好地对加压活塞杆和支撑轴进行导向,实现加压活塞杆和支撑轴的对位,不至于在加压过程中产生晃动,保证试件受压均匀而稳定。

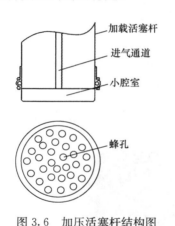

图 3.6　加压活塞杆结构图

Fig. 3.6　Structure of pressurizing piston rod

图 3.7　导向装置

Fig. 3.7　Guidance equipment

### 3) 水域恒温系统

　　本渗流装置的温度控制由一个大型恒温水箱实现,如图3.8所示。在恒温水箱内设有温度调节器、加热管、温度传感器、进水阀和排水阀,同时在筒壁上裹有保温材料,且在该恒温水箱外设有与恒温水箱相通的水域循环水泵,实现了加温的均匀性。水域温度数据通过温度传感器及电脑程序实现实时采集及监控。水域恒温系统可对试件加热到最高温度100℃的环境,具有高精度的温度稳定控制功能,温度控制误差为±0.1℃。

### 4) 孔压控制系统

　　本渗流装置的气体压力控制系统由高压气瓶、减压阀和气管组成。气管与压力表及进出气口的连接均采用锥形接头,保证了气密性。试验时,通过减压阀调节进气口气体压力,出气口的气体压力则为大气压,试验最大的气体压力能达到2MPa。

　　　　　(a) 水域　　　　　　　　　　　　　　(b) 温度调节器

图 3.8　水域恒温系统

Fig. 3.8　The water bath with thermostatic control system

5）数据测量系统

本渗流装置的数据测量系统由计算机、MaxTest-Load 试验控制软件及各类传感器组成。其中,轴压由安装于轴向加载机架球型压头上方的 LTR-1 型拉压力传感器进行监测,监测范围为 0～200kN;围压由安装于三轴压力室排空气孔上的 YPR-8 型压力传感器进行监测,监测范围为 0～20MPa;轴向变形由安装于轴向加载机架横梁上的轴向位移传感器进行监测,可以监测的最大位移量为 60mm;径向变形由安装于试样中部的 Epsilon 3544-100M-060M-ST 径向引伸计进行监测,最大位移监测量为 6mm;试样的温度由安装于恒温水域筒壁上的温度传感器进行监测,该传感器的量程为 -50～+250℃;流量采用北京七星华创电子质量流量计分公司生产的 D07-11CM 型质量流量计进行监测。试验过程中,数据经传感器监测后传输至 MaxTest-Load 试验控制软件进行显示和存储,实现了数据采集的自动化,保证了数据采集的可靠性。

6）辅助系统

辅助系统由升降机和活动工作台组成。升降机是专门用于试件安装及拆卸和试验过程中吊装三轴压力室的设备。活动工作台安装于水域恒温系统的外体框架上,在其中间部位焊接有固定三轴压力室下座的固定铁栓,防止拧紧上座与下座之间的螺栓时产生转动,而在试件安装时,可将置于活动工作台上的三轴压力室的下座拉离于三轴压力室上座的正下方,提高操作性,并保证试验人员的安全。

## 3.2.3　渗流装置的技术指标及优点

含瓦斯煤岩热流固耦合三轴伺服渗流装置可进行不同温度条件下地应力和瓦

斯压力共同作用时煤层瓦斯渗流规律及含瓦斯煤岩在渗流过程中的变形破坏特征方面的试验研究,以揭示煤层瓦斯运移机制,为研究煤与瓦斯突出力学演化机制及瓦斯抽采技术奠定理论基础。

1) 主要技术参数

(1) 最大轴压:100MPa;

(2) 最大围压:10MPa;

(3) 最大瓦斯压力:2MPa;

(4) 最大轴向位移:60mm;

(5) 最大环向变形:6mm;

(6) 温度控制范围:室温至 100℃;

(7) 试样尺寸:$\phi$50mm×100mm;

(8) 力值测试精度:示值的±1%;

(9) 力值控制精度:示值的±0.5%(稳压精度);

(10) 变形测试精度:示值的±1%;

(11) 水域温度控制误差:±0.1℃;

(12) 轴向加载控制方式:力控制、位移控制;

(13) 应力、变形、瓦斯压力、温度及流量等参数全自动采集;

(14) 该装置总体刚度大于 10GN/m。

2) 主要技术优点

(1) 综合反映了应力、瓦斯压力、温度及变形等对渗透率的影响,既能进行单因素影响下的试验,又能进行多因素耦合作用下的试验,所进行的试验能较好地模拟现场实际煤层瓦斯渗流所处的环境。

(2) 应力加载系统为液压伺服机,加载过程稳定,且能保证精度,并能实现诸如循环荷载等加载形式。此外,通过加装油泵循环冷却系统,能够实现长时间的稳压状态,则可进行蠕变过程中的渗透试验。

(3) 试件夹持器的上端加压活塞杆和底座的充气口与出气口没有直接与煤样接触,而是分别通过设计一个小腔室及环状面孔,实现了"面充气",而不再是以往的"点充气",更加逼真地实现了实际煤层瓦斯源。

(4) 本装置在三轴压力室中设计了一个定心架装置,使煤样装配后不会晃动,避免损坏煤样,使煤样成活率及数据采集稳定性大大提高,保证了试验数据的可靠性,同时也方便了三轴压力室装机时的定位。

(5) 本装置在数据采集时使用了灵敏度及精确度更高的传感器,包括轴压传感器、围压传感器、温度传感器、轴向位移传感器、链式径向位移传感器、流量计等,保证了数据采集的可靠性。

(6) 本装置设计了一个大型恒温水域,可进行不同温度下的渗流试验,并安装有水域循环水泵,保证了受热的均匀性。

(7) 本装置主体部件三轴压力室设计吊装在升降机上,并设计了一个活动工作平台,安装过程基本上不用手工搬运,大大方便了操作。

(8) 本装置具有研究含瓦斯煤岩渗透性、变形特性等多种功能。

### 3.2.4　试验操作方法

试验过程中,需严格按照试验步骤进行操作,其具体步骤如下。

(1) 试件安装。为保证气密性,先用 704 硅橡胶将煤样试件侧面抹一层 1mm 左右的胶层,待抹上的胶层完全干透后,将煤样小心放置于三轴压力室中试件夹持器的底座上,用一段比煤样长出 40mm 左右的圆筒热缩管套在煤样上,同时将试件夹持器上部加压活塞杆放置于煤样上,用电吹风将热缩管均匀吹紧,以保证热缩管与煤样侧面接触紧密。用两个金属箍分别紧紧箍住试样上下两端的热缩管与试件夹持器底座的重合部分和热缩管与试件夹持器上部加压活塞杆的重合部分。最后将链式径向位移传感器安装于煤试件的中部位置,连接好数据传输接线,并装配好导向装置,如图 3.9 所示。

(a) 抹胶　　　　　　　　　　　　　(b) 热缩管密封

(c) 钢箍密封　　　　(d) 径向引伸计　　　　(e) 定位装置

图 3.9　试件安装

Fig. 3.9　Installation of a specimen

（2）装机。将三轴压力室上座与底座对位好，紧好螺钉；将瓦斯进气管与试件夹持器上部加压活塞杆连接好，将瓦斯出气管与流量计连接好；向三轴压力室排空充油；充油完毕后检查各系统是否正常工作。

（3）真空脱气。检查试验容器气密性，打开出气阀门，用真空泵进行脱气，脱气时间一般 2～3h，以保证良好的脱气效果。

（4）吸附平衡。脱气后，关闭出气阀门，将三轴压力室降入恒温水浴，设定一定的温度，并施压一定的轴压和围压，调节高压甲烷钢瓶出气阀门，保持瓦斯压力一定，向试件内充气，充气时间一般为 24h，使煤样内瓦斯达到充分吸附平衡。

（5）进行试验。启动电脑加载控制程序，按照制定的试验方案进行不同条件下的试验。

（6）测定参数。所要测定的参数有轴向压力、围压、瓦斯压力、轴向位移、径向位移、温度、瓦斯流量等。

## 3.3  煤样制备及试验内容

### 3.3.1  煤样采集及制作

应试验研究的需要，分别在山西晋城无烟煤业集团有限责任公司下属赵庄矿和寺河矿选取了一批有代表性的原煤块。所取煤样均来自 3# 煤层，其煤质属于无烟煤，该煤层处于阳城西哄哄—晋城石盘东西向断裂带以北、沁水复式向斜盆地南缘、南西—北东向断裂带及晋（城）—获（鹿）褶断带之间；受区域构造控制，总体构造形态为一走向北东，倾向北西，倾角 5°～10°，伴有少量的正断层和陷落柱的单斜构造，伴有宽缓褶曲和小型断裂，致使局部煤层倾角达 10°以上。3# 煤层浅部的原始瓦斯压力值为 0.32MPa，原始瓦斯含量为 7.08 m³/t，其百米钻孔初始瓦斯涌出量为 0.00015～0.00044m³/(min·hm)。

煤样取回后分别进行了原煤及成型煤样制作，分别制取了圆柱体原煤及型煤，如图 3.10 所示，其制作方法如下。

原煤制作：将从现场取来的原始煤块用塑料薄膜密封好置于大小适当的木箱内，然后用细骨料混凝土进行浇灌，以填满煤块与木箱之间的间隙，待混凝土硬化完全后再用取芯机进行取芯。煤芯取出后，利用磨床小心仔细地对其进行打磨，制成 $\phi 50 \times 100mm$ 的原煤煤样，并将之置于烘箱内在 80℃下烘干 24h，再用干燥箱存放，以备实验时用。

型煤制作：将所取原始煤块用粉碎机粉碎，通过振动筛筛选煤粒粒径为 40～80 目的煤粉颗粒，然后在这些筛选出来的煤粉中加入少量纯净水和均匀后置于成型模具中在 200t 刚性试验机上以 100MPa 的压力稳定 20min 压制成 $\phi 50 \times 100mm$ 的煤样。最后将制备好的型煤煤样烘干后放置于干燥箱内以备试验时用。

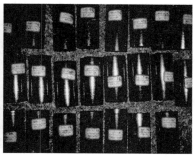

(a) 原煤　　　　　　　　　　　　　　　(b) 型煤

图 3.10　煤样采集及制取

Fig. 3.10　The produced coal specimens

### 3.3.2　试验内容

1）多场耦合作用下含瓦斯煤岩三轴压缩力学特性试验

本组试验均在自主研发的含瓦斯煤岩热流固耦合三轴伺服渗流试验装置上进行，采用先加载围压至设定值，再采用位移控制方式以 0.1mm/min 的轴向加载速率进行加载至煤样破坏的试验方法。同时，本组试验的特色之处还在于整个三轴压缩过程伴随有瓦斯流动，即试验过程中打开出口阀门，使瓦斯在试件中形成流动状态。具体试验内容如下。

（1）不同围压下煤岩三轴压缩全应力应变试验，即恒定温度为 30℃、瓦斯压力为 1.0MPa，进行围压分别为 2.0MPa、3.0MPa、4.0MPa、5.0MPa、6.0MPa 时的三轴压缩全应力应变过程试验。

（2）不同瓦斯压力下煤岩三轴压缩全应力应变试验，即恒定温度为 30℃、围压为 2.0MPa，进行瓦斯压力分别为 0.5MPa、1.0MPa、1.5MPa 的三轴压缩全应力应变过程试验。

（3）不同温度下煤岩三轴压缩全应力应变全过程试验，即恒定瓦斯压力为 1.0MPa、围压为 2.0MPa，进行温度分别为 20℃、40℃、60℃、80℃时的三轴压缩全应力应变过程试验。

2）含瓦斯煤岩渗流试验

本组试验也均在自主研发的含瓦斯煤岩热流固耦合三轴伺服渗流试验装置上进行，通过测定不同条件下的瓦斯流量，考察各因素对煤岩体渗流特性的影响。具体试验内容如下。

（1）煤岩体三轴压缩条件下全应力应变过程中瓦斯渗流试验，即测定围压一定时不同温度（温度分别为 30℃、40℃、50℃、60℃、70℃）及温度一定时不同应力

（围压分别为 2.0MPa、3.0MPa、4.0MPa、5.0MPa、6.0MPa）条件下煤岩三轴压缩全应力应变过程中的瓦斯流量变化情况。

（2）温度和应力耦合作用下煤岩体瓦斯渗流试验，即测定瓦斯压力及温度恒定时，有效应力分别为 1.0MPa、2.5MPa、4.0MPa、5.5MPa、7.0MPa 时的瓦斯流量；测定瓦斯压力及有效应力恒定时，温度分别为 30℃、40℃、50℃、60℃、70℃ 时的瓦斯流量。

（3）基质收缩效应对煤岩瓦斯渗流特性影响的试验，即通过控制温度一定（30℃）和有效应力一定（2.5MPa），进行氮气和甲烷两组平行试验，分别测定不同气体压力点（0.3MPa、0.6MPa、0.9MPa、1.2MPa、1.5MPa）时氮气和甲烷的渗流流量。

## 3.4　多场耦合效应下含瓦斯煤岩力学特性

煤与瓦斯突出与煤岩物理力学性质有着密切的联系，而煤岩的受力状态一般都是处于受压的三维应力状态，因此研究三轴压缩条件下含瓦斯煤岩的变形特性和强度特征，对于认识煤与瓦斯突出发生机理有着重要的实用价值。

### 3.4.1　围压对含瓦斯煤岩力学特性的影响

不同围压下赵庄矿和寺河矿原煤煤样及型煤煤样的主应力差-应变关系如图 3.11和图 3.12 所示。

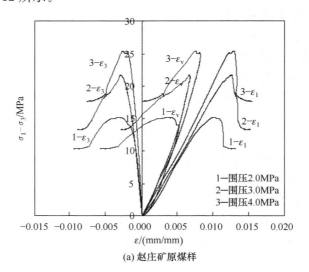

(a) 赵庄矿原煤样

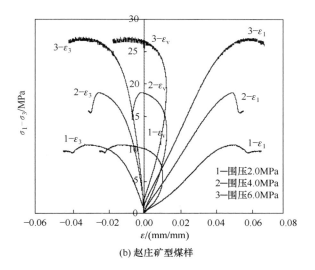

(b) 赵庄矿型煤样

图 3.11　赵庄矿 3$^{\#}$ 煤不同围压下主应力差-应变曲线($p=1.0\mathrm{MPa},T=30℃$)

Fig. 3.11　Curves of difference of principle stresses versus strain under different confining pressure of Zhaozhuang No. 3 coal samples($p=1.0\mathrm{MPa},T=30℃$)

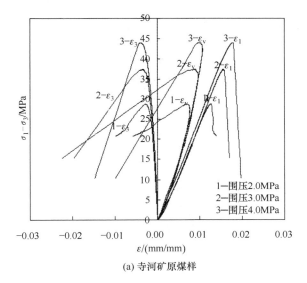

(a) 寺河矿原煤样

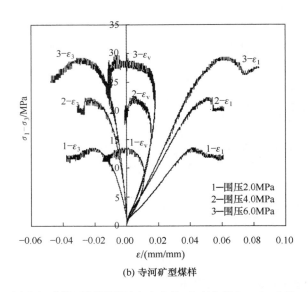

(b) 寺河矿型煤样

图 3.12　寺河矿 3# 煤不同围压下主应力差-应变曲线($p=1.0$MPa，$T=30$℃)

Fig. 3.12　Curves of difference of principle stresses versus strain under different confining pressure of Sihe No. 3 coal samples($p=1.0$MPa，$T=30$℃)

从图 3.11 和图 3.12 中可以看出，两个煤矿煤样在三轴压缩下的应力应变全过程曲线均大致经历了压密阶段、线弹性阶段、弹塑性过渡阶段(屈服阶段)、应力跌落阶段和残余应力阶段五个阶段。煤样的主应力差-应变曲线的斜率随着围压的增加而有较明显的变陡，其抗压强度也增大，表明围压对煤样的刚度和强度均具有一定的增强效应。同时，随着围压的增大，煤样破坏后的残余强度值也相对增大。这是由于在围压作用下，煤样破坏过程中内部所产生的孔隙裂纹再次被压密，由于裂纹面上的应力增加，从而引起煤样的残余强度也增大。对比型煤煤样与原煤煤样的试验结果来看，在相同围压条件下，型煤的压密阶段比原煤更明显，同时型煤的变形量较原煤要大得多，但型煤的三轴抗压强度明显低于原煤，表明型煤比原煤具有更好的塑性流动性。而原煤比型煤具有更高的强度性能，但两种煤样在不同围压下的三轴压缩变形规律均具有相似性，只是在数值上存在一定差异。

此外，对比赵庄矿和寺河矿的煤样试验结果来看，两个煤矿煤样应力应变关系曲线在形状和数值上均存在一定的差异，这是由于两个煤矿煤样的非均质性所致。图中有的曲线压密段不明显，在弹性段曲线斜率也较陡，这说明煤样较坚硬，其内部骨架发育较完整，在外部应力作用下其变形以弹性变形为主；有的曲线峰前存在波动，出现应力下降，这说明煤样内部结构不均匀，其原有固体骨架存在一定的缺陷，在外部应力未达到煤样的承载能力前，这些缺陷已开始进一步破裂；有的曲线峰后应力下降后又出现上升趋势，这是由于在破坏阶段煤样宏观破裂的发生以及弹性变形能量的释放,使煤样突然失去平衡状态,致使应力产生突然下降,而由于试验过程中采用的是位移控制方式加载,应力下降过程的能量释放相对较小,不能使煤样内的固体骨架完全破坏,因此随着变形增加,煤样又恢复了一定的承载能力。比较两个矿煤样的全应力应变过程曲线可知,寺河矿煤样具有较完整的内部固体骨架,其承载能力较强,而赵庄矿煤样内部固体骨架的承载能力相对较弱,强度较寺河矿煤样低。

煤样的全应力应变曲线不仅可以直接反映煤岩最基本的力学特征,而且也是建立煤体力学模型不可缺少的试验依据。其中,抗压强度、弹性模量、泊松比等是几个重要的力学参数。由于岩石类材料并非完全线弹性材料,国际岩石力学学会建议采用以下三种方法的任一种来确定岩石的弹性模量[164]。

(1) $\sigma = \dfrac{1}{2}\sigma_c$($\sigma_c$ 为岩石类材料的单轴抗压强度)点对应的切线模量,即

$$E = \left(\frac{\mathrm{d}\sigma}{\mathrm{d}\varepsilon}\right)_{\sigma = \frac{1}{2}\sigma_c} \tag{3.1}$$

(2) $\sigma = \dfrac{1}{2}\sigma_c$ 点对应的割线模量,即

$$E = \left(\frac{\sigma}{\varepsilon}\right)_{\sigma = \frac{1}{2}\sigma_c} \tag{3.2}$$

(3) 弹性范围内近似于直线段的平均模量。

对于以上三种确定弹性模量的方法,文献[165]分析指出,第一种方法的切线斜率,实际上是微小割线的斜率,由于计算时涉及两个小量的比值,其精度难以把握,该种确定方法应用较少;第二种方法中的割线模量取决于应力在50%强度处的应变,该值受到加载初始加密段的显著影响,特别是对原生损伤非常发育的煤等沉积岩石,这种方法确定的弹性模量偏差很大,且不同煤样确定的弹性模量离散性也很大;第三种方法中的平均模量是应力应变曲线中近似直线段部分的斜率,排除了初始压密阶段的影响,且受试验条件影响较小,具有明确的力学含义,采用近似于直线段的平均模量确定的弹性模量更为科学合理。因此,本书采用第三种方法来确定不同围压下煤样的弹性模量。同时,泊松比也用相应的方法求取。图 3.13、图 3.14、图 3.15 为两个矿煤样在不同围压下三轴压缩试验的力学参数。

图 3.13 为不同围压下两个矿含瓦斯煤岩的抗压强度变化规律。由图可看出,在瓦斯压力恒定的条件下,无论原煤还是型煤煤样,其三轴抗压强度均随围压的增大而增大,除原煤煤样存在一定的离散性外,型煤煤样呈现出较好的线性规律。同时可以看出,无论是原煤还是型煤煤样,同一围压下寺河矿煤样的抗压强度均大于赵庄矿煤样的抗压强度。

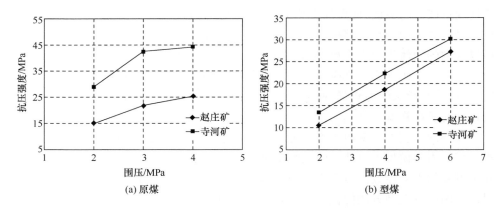

图 3.13　　不同围压下含瓦斯煤岩的抗压强度试验结果

Fig. 3.13　Results of compressive strength of coal specimens under different confining pressure

图 3.14 为两个矿含瓦斯煤岩的弹性模量随围压的变化规律。由图可看出,在瓦斯压力恒定的条件下,含瓦斯煤岩的弹性模量随围压的增加而增加,表明围压对含瓦斯煤岩的刚度具有一定的增强效应。由图还可以看出,随着围压的增大,含瓦斯煤岩刚度增强效应逐渐减弱。以赵庄矿原煤煤样试验结果来看,当围压从 2.0MPa 增大到 3.0MPa 时,弹性模量的增长幅度为 16.65%,而当围压从 3.0MPa 增大到 4.0MPa 时,其弹性模量的增长幅度仅为 10.55%。这种规律在赵庄矿型煤煤样中表现得更加明显,当围压从 2.0MPa 增大到 4.0MPa 时,弹性模量的增长幅度为 96.21%,而当围压从 4.0MPa 增大到 6.0MPa 时,其弹性模量的增长幅度仅为 24.25%。

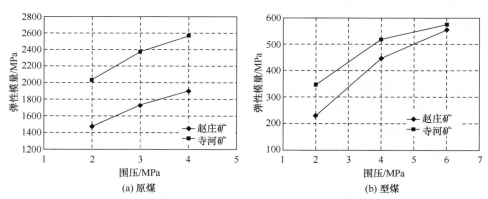

图 3.14　　不同围压下含瓦斯煤岩的弹性模量试验结果

Fig. 3.14　Results of elastic modulus ($E$) of coal specimens under different confining pressure

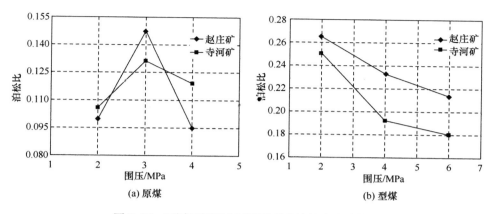

图 3.15　不同围压下含瓦斯煤岩的泊松比试验结果

Fig. 3.15　Results of Poisson ratio of coal specimens under different confining pressure

　　关于围压对弹性模量的影响,已有相关的研究报道。文献[166]对大理岩进行了单轴和三轴试验,其结果表明,大理岩的弹性模量并不随围压的变化而变化,而与单轴压缩时的弹性模量基本相同。此外,通过对石英砂岩、花岗岩、苏长岩、玄武岩等岩石的试验结果也表明,它们的弹性模量也并没有随着围压的增加而发生明显的变化[167~170]。然而,通过对细砂岩、砂质泥岩、红砂岩、泥岩样等岩样进行不同围压下的三轴压缩试验[171~173],其结果却表明,此类沉积岩石的弹性模量均随围压的增大而增大,且变化规律呈现非线性特征。

　　结合前人研究成果及本书试验结果(图 3.14)分析来看,围压对含瓦斯煤岩弹性模量的影响与煤样内部的缺陷及致密程度等密切相关。一般而言,围压增大有助于煤样内部孔裂隙等缺陷的压密闭合,增大了煤样的刚度,其弹性模量也就相应增大。但对于坚硬致密的花岗岩、大理岩、石英砂、苏长岩等材料而言,其内部缺陷尺度较小,孔隙率低,围压对其压密的作用影响不大,因此对其弹性模量的影响也就很小。而对于含有大量孔裂隙的煤、砂岩等材料而言,其内部孔裂隙在围压作用下逐渐被压密闭合,同时由于煤岩样内部的变形受裂隙面上内摩擦力的影响,围压越大,裂隙面上的正应力也就越大,正应力越大,裂隙面上内摩擦力也就越大,因而弹性模量随着围压的增大而增大。但在围压增大到一定程度后,含瓦斯煤岩内部也达到一定程度的均匀致密,再增加围压,弹性模量增加的幅度将变小。因此,围压对弹性模量的影响体现了含瓦斯煤岩内部的原生孔裂隙状况。

　　围压除对含瓦斯煤岩内部孔裂隙有压密作用外,同时也限制着含瓦斯煤岩径向变形的能力。围压越大,含瓦斯煤岩向径向变形的能力越小,因此,随着围压的增大,含瓦斯煤岩的泊松比呈现减小的趋势,如图 3.15 所示。

　　从对图 3.13 的分析来看,本书试验中含瓦斯煤岩在三轴压缩条件下的破坏符

合库仑(Coulomb)强度准则。对于圆柱体试件而言,在倾角为

$$\theta = 45° + \frac{\varphi}{2}(\varphi \text{ 为内摩擦角}) \tag{3.3}$$

的截面上承受的正应力 $\sigma$ 最小,当试件是一个没有明显孔裂隙的均质体时,其一般都将沿着这个面发生剪切破坏。然而对于煤岩试件而言,由于地质作用及取样过程的影响,导致其内部发育有孔裂隙,即试验前已存在一定程度的损伤,因此,含瓦斯煤岩破坏并非严格沿着 $\theta$ 面发生,而是沿着孔裂隙较发育的弱面产生剪切滑移。从试验后试件的破坏形态来看,同一矿井同一煤层的试件最终形成的破断角均不等,原煤试件一般为单一滑移面,而型煤试件除有明显的滑移面外,还有断节现象,并出现有 X 型共轭剪切破坏,如图 3.16 所示。

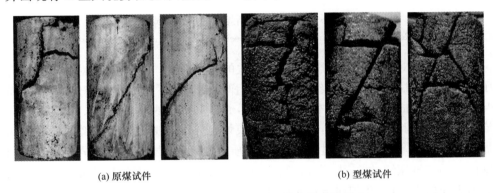

(a) 原煤试件　　　　　　　　　　　　　　(b) 型煤试件

图 3.16　不同围压下含瓦斯煤岩的破坏形式

Fig. 3.16　The failure mode of gas-saturated coal specimens under different confining pressure

### 3.4.2　瓦斯对含瓦斯煤岩力学特性的影响

1) 瓦斯流动对含瓦斯煤岩力学特性的影响

以往研究瓦斯压力对煤样力学特性影响时,均是在煤样内瓦斯静止状态下进行的试验[40,43],而对于瓦斯流动状态下含瓦斯煤岩力学特性的研究还鲜见报道。实际上,在矿井生产现场,由于采掘活动的影响,煤体中的瓦斯大多处于一种流动状态,因此研究瓦斯流动状态下的含瓦斯煤岩力学特性,对于实际生产工作更具工程指导意义。

图 3.17 即为在围压 2.0MPa、进口瓦斯压力 1.0MPa 条件下赵庄矿煤样在瓦斯流动和不流动状态时的全应力应变对比曲线。从图上可以看出,瓦斯流动状态下的煤样三轴抗压强度高于瓦斯不流动状态下的煤样,且由曲线斜率可看出瓦斯流动状态下煤样的弹性模量也更大。对比峰后变形特征还可发现,在瓦斯流动状态下,煤样表现出脆性破坏,而在瓦斯不流动状态下,煤样的塑性特征更加明显。

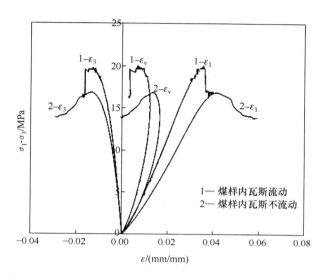

图 3.17　不同瓦斯状态下赵庄矿煤样主应力差-应变曲线($\sigma_3 = 2.0\text{MPa}, p = 1.0\text{MPa}, T = 30℃$)

Fig. 3.17　Curves of difference of principle stresses versus strain under different gas state of Zhaozhuang coal samples($\sigma_3 = 2.0\text{MPa}, P = 1.0\text{MPa}, T = 30℃$)

　　我们知道,瓦斯流动通常是由瓦斯压力梯度的驱动而发生的,因此在瓦斯流动状态下,煤样内部的瓦斯压力并不均等,而是自瓦斯进口到出口存在一定的梯度,而在瓦斯不流动状态下,煤样内部瓦斯压力处处相等。在围压均为 2.0MPa、进口瓦斯压力均为 1.0MPa 时,瓦斯流动状态下的煤样由于瓦斯压力梯度的存在,其平均有效围压比瓦斯不流动状态下的煤样要大。而由前一节分析可知,有效围压的增大,使得含瓦斯煤岩三轴抗压强度及弹性模量均有所增大。此外,由于瓦斯不流动状态下的煤样其瓦斯压力处处等于进口瓦斯压力,则其吸附的瓦斯量比瓦斯流动状态下的煤样要多,而瓦斯的存在和瓦斯压力的增大,增强了煤的软化特性[174]。因此,瓦斯不流动状态下的煤样呈现出更明显的塑性破坏特征。

　　2) 瓦斯压力对含瓦斯煤岩力学特性的影响

　　本书对处于瓦斯流动状态下的含瓦斯煤岩进行的不同瓦斯压力条件下的三轴压缩试验结果如图 3.18 所示。

　　从图 3.18 中可以看出,在不同瓦斯压力条件下,两个矿煤样三轴压缩下的变形过程仍具有较明显的阶段性。随着瓦斯压力的升高,煤样的主应力差-应变曲线的斜率出现先减小再增加的趋势。此外,随着瓦斯压力的增大,含瓦斯煤岩的三轴抗压强度逐渐降低,在破坏阶段,瓦斯压力越大,煤样变形的塑性特征更突出,表明瓦斯压力对煤样的刚度具有一定的软化效应。

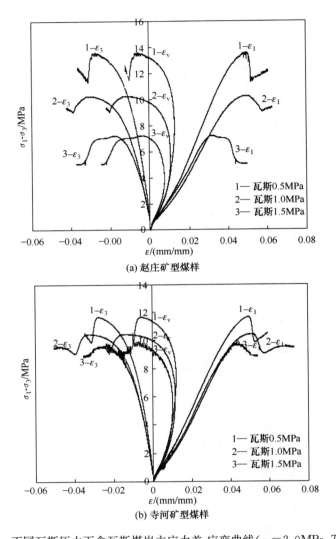

图 3.18　不同瓦斯压力下含瓦斯煤岩主应力差-应变曲线($\sigma_3=2.0\text{MPa}, T=30℃$)

Fig. 3.18　Curves of difference of principle stresses versus strain under different gas pressure of gas-saturated coal specimens($\sigma_3=2.0\text{MPa}, T=30℃$)

　　图 3.19 为含瓦斯煤岩力学参数与瓦斯压力的关系曲线。由图可以看到，含瓦斯煤岩的抗压强度随着瓦斯压力升高而持续降低，弹性模量随着瓦斯压力增大也表现出总体降低的趋势，而泊松比则随着瓦斯压力的增大而增大。可见，含瓦斯煤岩的力学性质与瓦斯压力之间均呈现较好的规律性。

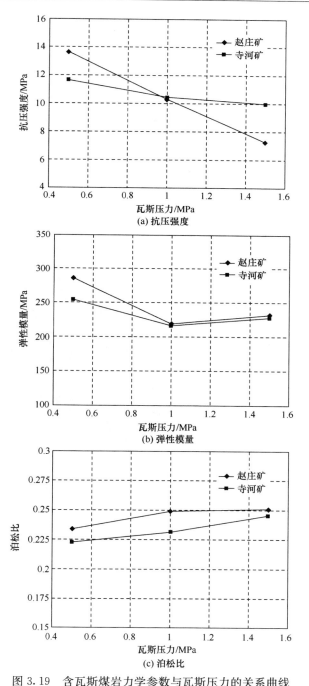

图 3.19　含瓦斯煤岩力学参数与瓦斯压力的关系曲线

Fig. 3.19　The relationship curves of mechanics parameters of gas-saturated
coal specimens versus gas pressure

　　瓦斯对煤的作用主要体现在两个方面:一方面是吸附瓦斯的影响,煤样吸附瓦斯后,其内部孔裂隙表面的张力降低,煤样骨架发生膨胀效应,导致煤样颗粒之间的黏聚力减小,使得被破坏时所需要的能量减少,表现为抗压强度及抵抗变形的能力的降低;另一方面是游离瓦斯的影响,煤样中的游离瓦斯对煤样具有一定的力学作用,促进了裂纹的发生发展,其影响与围压恰恰相反。瓦斯压力越大,煤样吸附瓦斯量越多,其有效围压也越小,使得煤样抵抗外力变形的能力降低,因此,含瓦斯煤岩抗压强度及弹性模量随瓦斯压力增大而减小,同时由于有效围压的减小,其径向变形的限制降低,径向变形变得更加容易,表现为泊松比的增大。

　　图 3.20 为各瓦斯压力下煤样的破坏形态。由图可看出,瓦斯压力越大,煤样的破坏角越大,煤样也越破碎。因此,瓦斯压力越大,煤样失稳破坏的进程越快,发生煤与瓦斯突出灾害的危险性越大。

$p$=0.5MPa　　　　　　　$p$=1.0MPa　　　　　　　$p$=1.5MPa

图 3.20　不同瓦斯压力下含瓦斯煤岩的破坏形式

Fig. 3.20　The failure mode of gas-saturated coal specimens under different gas pressure

### 3) 吸附瓦斯对含瓦斯煤岩力学特性的影响

　　煤岩是一种包含大量孔隙和裂隙的多孔介质,其内表面积非常大,吸附着大量的瓦斯气体。在采矿活动的影响下,煤储层中的气体压力不断发生着变化,于是引起气体的吸附、解吸,而吸附解吸过程将改变煤基质的表面张力,使煤基质产生膨胀、收缩变形,进而引起煤储层的孔隙结构发生变化,这不仅对煤岩体力学性质存在影响[40,43,49],同时也影响着煤岩体的渗透性能[92,145]。煤储层的孔隙结构和渗透性能的变化反过来又影响着瓦斯气体在煤岩体中的赋存与运移。因此,研究吸附瓦斯对含瓦斯煤岩力学特性的影响规律,对认识含瓦斯煤岩的变形破坏及其流固耦合机理具有重要意义。

在自由空间内,固体吸附气体后表面张力会降低,导致固体表面分子与内部分子间引力减小,距离增大,形成体积膨胀[159]。根据 Cui 等[90]的研究表明,瓦斯吸附引起的应变可很精确地拟合成类似于朗缪尔等温吸附的模型:

$$\varepsilon_s = \frac{\varepsilon_{max} p}{p + p_{50}} \tag{3.4}$$

式中,$\varepsilon_s$ 为吸附-解吸引起的煤骨架体积应变,无量纲;$\varepsilon_{max}$ 为朗缪尔体积应变,代表理论最大应变量,即无限压力下的渐近值,无量纲;$p$ 为瓦斯压力(Pa);$p_{50}$ 为 $\varepsilon_{max}$ 达到一半时对应的瓦斯压力(Pa)。

由于煤储层受到周围岩体的约束作用,因此煤体的吸附膨胀变形将在煤体内部煤颗粒之间产生膨胀应力作用。为了方便计算此膨胀应力,这里不妨假设煤为各向吸附性能相同、力学性能相同的弹性体,且吸附性能不受外力影响;又由于孔隙压力各向相同,因此煤的各向膨胀应力也相同;假设膨胀应力与某个方向上煤吸附瓦斯膨胀应变之间的关系服从胡克定律,则某一方向上煤吸附瓦斯后的膨胀应力可表示为

$$\sigma_{sp} = \frac{E\varepsilon_s}{3} = \frac{E\varepsilon_{max} p}{3(p + p_{50})} \tag{3.5}$$

式中,$\sigma_{sp}$ 为煤吸附瓦斯后的膨胀应力;$E$ 为含瓦斯煤岩的弹性模量(Pa);其他符号意义同前。

综上分析可知,煤的吸附能力越强,吸附的瓦斯越多,发生的膨胀变形越大,则产生的膨胀应力也就越大。而对煤体进行应力分析可知,膨胀应力的存在,增加了煤体受力,降低了煤体强度,促进了煤体的破坏进程,因此吸附性能越好的煤体越容易发生煤与瓦斯突出灾害。

### 3.4.3　温度对含瓦斯煤岩力学特性的影响

能源是国民经济发展的重要支撑,随着浅部煤炭资源的日益枯竭,国内外都陆续进入深部(一般指埋深大于 800m)资源开采阶段。据报道,国内最深的煤矿山东济宁唐口煤矿,主井和副井均超过 1000m,非洲的一些矿井采深已达 3000m。一般而言,埋深每增加 100m,温度将升高 3℃,因此在深部开采条件下,煤层将达到摄氏几十度的高温,南非某矿地下 3000m 处地温已高达 70℃[175]。而岩体在超出常规温度环境下,表现出的力学、变形性质与普通环境条件下具有很大差别。因此,研究含瓦斯煤岩在不同温度条件下的强度和变形特性,对于煤岩稳定性研究具有重要的理论价值。

然而,已有温度对煤样力学特性影响的研究[176~179]中,存在没有单独考虑温度和围压影响,或未考虑向煤样内充瓦斯等问题,导致温度和围压对煤样力学性质影响不明确或与实际存在一定的差异。基于此,本书通过控制围压为 2.0MPa、瓦斯

压力为 1.0MPa,对不同温度条件下含瓦斯煤岩的变形及强度特征进行了试验研究,其结果如图 3.21 所示。

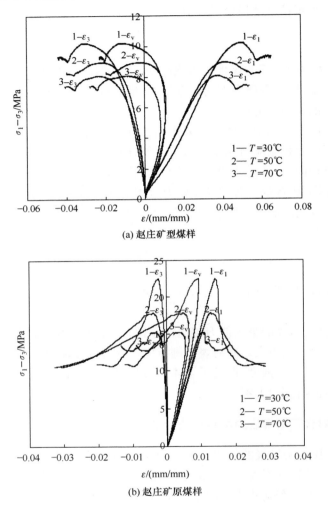

(a) 赵庄矿型煤样

(b) 赵庄矿原煤样

图 3.21　不同温度下含瓦斯煤岩主应力差-应变曲线($\sigma_2 = \sigma_3 = 2.0$MPa,$p = 1.0$MPa)

Fig. 3.21　Curves of difference of principle stresses versus strain under different temperature of gas-saturated coal specimens($\sigma_2 = \sigma_3 = 2.0$MPa,$p = 1.0$MPa)

从图 3.21 中可以看出,不同温度下含瓦斯煤岩的应力应变过程仍大致可分为压密阶段、弹性变形阶段、屈服阶段和破坏阶段。吸附平衡后的含瓦斯煤岩在初始轴向荷载作用下,试件内部的部分孔裂隙逐渐闭合,试件被压密,从图上看,型煤被压密的效果比原煤更明显。进入弹性变形阶段后,型煤和原煤主应力差-轴向应变关系曲线直线段的斜率随着温度的升高先变大后降低,说明温度对含瓦斯煤岩的弹性模量影响存在门槛值。温度低于该值,含瓦斯煤岩的弹性模量随着温度升高而增大,温度高于该值,含瓦斯煤岩的弹性模量随着温度升高而降低,对于赵庄矿煤样而言,该门槛值介于 50～70℃ 之间。在破坏阶段,含瓦斯煤岩的抗压强度随温度的升高而有着较显著的降低,表明温度对煤样强度具有软化效应。含瓦斯煤岩弹性模量及抗压强度随温度的变化规律如图 3.22 所示。

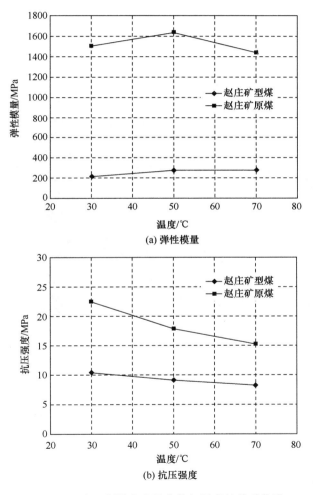

图 3.22　含瓦斯煤岩力学参数与温度的关系曲线

Fig. 3.22　The relationship curves of mechanics parameters of gas-saturated coal specimens versus temperature

分析温度对含瓦斯煤岩变形特性的影响,主要有两方面的因素[180,181]:一是温度的变化将改变煤基质的内部结构;二是温度的变化影响着煤体吸附瓦斯的性能。其中温度的升高使煤体内部发生热膨胀变形从而产生热应力,该热应力和吸附膨胀应力一样加速了含瓦斯煤岩的变形破坏进程。此外,温度升高,煤样吸附瓦斯的含量降低,而游离瓦斯含量则增大。根据上一节的研究结果来看,一方面煤样瓦斯吸附量降低后其变形特性必然发生改变,另一方面游离瓦斯量增大后,煤样内瓦斯压力升高,促进了孔裂隙的扩展。同时瓦斯压力增大后使得煤样有效围压减小,在外部荷载作用下,含瓦斯煤岩抵抗变形的能力进一步降低。

图 3.23 为不同温度下含瓦斯煤岩三轴压缩破坏后的形态。由图可以看出,含瓦斯煤岩的破坏皆为剪切破坏,破坏后的试件上均有较明显的剪切面。由图还可以看到,随着温度升高,含瓦斯煤岩破断角有增大的趋势。

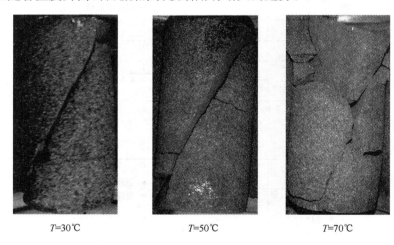

$T=30℃$        $T=50℃$        $T=70℃$

图 3.23　不同温度条件下含瓦斯煤岩样的破坏形式

Fig. 3.23　The failure mode of gas-saturated coal specimens under different temperature

这里同样可借鉴上一节计算吸附膨胀应力时的假设,对由温度引起的含瓦斯煤岩热膨胀变形及其膨胀热应力做如下计算:

$$\sigma_{Tp} = \frac{E\varepsilon_T}{3} = \frac{E\beta_T T}{3} \tag{3.6}$$

式中,$\sigma_{Tp}$ 为热膨胀应力;$\varepsilon_T$ 为热膨胀应变;$E$ 为含瓦斯煤岩的弹性模量(Pa);$T$ 为煤体热力学温度;$\beta_T$ 为热膨胀系数,$m^3/(m^3 \cdot K)$。

### 3.4.4　考虑热流固耦合效应的含瓦斯煤岩强度准则

强度准则是判断岩石类材料的应力应变是否安全的准则、判据和条件,它表征着岩石类材料在极限应力状态下(破坏条件)的应力状态和岩石强度参数之间的关系,通常可以表示为极限应力状态下的主应力之间的关系方程或者表示为处于极限平衡状态截面上的剪应力 $\tau$ 和正应力 $\sigma_n$ 之间的关系。目前应用比较广泛的主要有库仑(Coulomb)准则、莫尔(Mohr)准则、Drucker-Prager 准则、格里菲斯(Griffth)准则、霍可-布朗(Hoek-Brown)准则等几种经典的强度准则[182~184]。结合本书已做的含瓦斯煤岩常规三轴压缩试验结果,本节拟对煤岩的应力强度准则进行探讨。

库仑准则的建立者库仑认为,岩石的破坏主要是剪切破坏,岩石的强度等于岩石本身抗剪切摩擦的黏结力和剪切面上法向产生的摩擦力,即平面中的剪切强度准则为

$$\tau = c + \sigma_n \tan\varphi \tag{3.7}$$

式中,$\tau$ 为岩石承载的最大剪应力;$c$ 为内聚力;$\sigma_n$ 为剪切面上承载的正应力;$\varphi$ 为内摩擦角。

库仑准则可以用莫尔极限应力圆直观地图解表示,如图 3.24 所示,则式(3.7)所确定的准则由图中的直线 $AL$(强度曲线)表示,其斜率为 $\tan\varphi$,且在 $\tau$ 轴上的截距为 $c$。

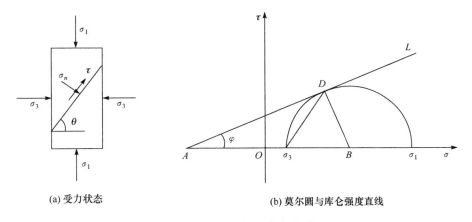

(a) 受力状态　　　　　　　　　　(b) 莫尔圆与库仑强度直线

图 3.24　$\sigma\text{-}\tau$ 坐标下库仑准则

Fig. 3.24　Coulomb criterion in $\sigma\text{-}\tau$ coordinate

从图 3.24(b)中可以看出,库仑强度直线 $AL$ 将 $\sigma\text{-}\tau$ 坐标平面分为上下两部分,直线以上部分为不稳定区域,直线以下部分为稳定区域。而在图 3.24(a)所示的应力状态下,平面上的应力 $\sigma$ 和 $\tau$ 可由主应力 $\sigma_1$ 和 $\sigma_3$ 确定的应力莫尔圆所决定。因此,根据莫尔圆与库仑强度直线之间的关系,便可判断岩石的破坏情况。如果某点的应力莫尔圆位于强度直线 $AL$ 以下,则表明该点处于稳定区域,不会发生破坏;若某点的应力莫尔圆与强度直线 $AL$ 相切,则该点在强度直线上,处于临界破坏状态,且破坏面法线与最大主应力之间的夹角为 $45° + \varphi/2$。若某点的应力莫尔

圆与强度直线 $AL$ 相割,则表明该点处于不稳定区域,且已产生破坏。

此外,从图 3.24 中可得

$$\sin\varphi=\frac{\sigma_1-\sigma_3}{2c\cot\varphi+\sigma_1+\sigma_3}$$

并可改写为

$$\sigma_1=\frac{1+\sin\varphi}{1-\sin\varphi}\sigma_3+\frac{2c\cdot\cos\varphi}{1-\sin\varphi} \tag{3.8}$$

如取 $\sigma_3=0$,则式(3.8)中的极限应力 $\sigma_1$ 为岩石单轴抗压强度 $\sigma_c$,且

$$\sigma_c=\frac{2c\cdot\cos\varphi}{1-\sin\varphi} \tag{3.9}$$

又由三角函数可知

$$\frac{1+\sin\varphi}{1-\sin\varphi}=\cot^2\left(\frac{\pi}{4}-\frac{\varphi}{2}\right)=\tan^2\left(\frac{\pi}{4}+\frac{\varphi}{2}\right)$$

同时,岩石的剪切破断角 $\theta=\left(\frac{\pi}{4}+\frac{\varphi}{2}\right)$,则

$$\frac{1+\sin\varphi}{1-\sin\varphi}=\tan^2\theta \tag{3.10}$$

将式(3.9)、式(3.10)代入式(3.8)中可得由主应力、岩石破断角和岩石单轴抗压强度所构成的在主应力平面坐标系中的库仑准则表达式:

$$\sigma_1=\sigma_c+\sigma_3\tan^2\theta \tag{3.11}$$

由式(3.11)可知,通过单轴压缩试验及不同围压下的三轴压缩试验即可确定含瓦斯煤岩的强度准则。然而,库仑强度准则认为岩石的极限破坏强度只与最大主应力 $\sigma_1$ 和最小主应力 $\sigma_3$ 有关,而与中间主应力 $\sigma_2$ 无关,这往往与实际情况不符。此外,库仑强度准则只能提供岩石破坏的强度条件,不能对岩石破坏机理及破坏的发生、发展过程进行有效描述。因此,库仑强度准则在实际应用方面存在一定的局限。

1900 年,莫尔将库仑强度准则推广到考虑三维应力状态,并认识到岩石材料性质本身乃是应力的函数,指出"到极限状态时,滑动平面上的剪应力达到一个取决于正应力与材料性质的最大值",可用下列函数关系表示为

$$\tau=f(\sigma) \tag{3.12}$$

式(3.12)在 $\tau\sigma$ 坐标系中为一条对称于 $\sigma$ 轴的曲线,它可以通过由对应于各种应力状态(单轴拉伸、单轴压缩及三轴压缩)下的破坏莫尔应力圆包络线(各破坏莫尔圆的外公切线)给定,如图 3.25 所示。

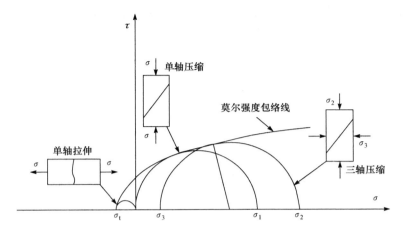

图 3.25　完整岩石的莫尔强度曲线

Fig. 3.25　Complete Mohr strength curve of rock

利用莫尔应力圆包络线判断岩石材料中某一点是否发生剪切破坏时,可在事先给出的破坏莫尔应力圆包络线上,叠加上反映实际岩石应力状态的莫尔应力圆。如果该莫尔应力圆与包络线相切或相割,则研究点将产生破坏;如果该莫尔应力圆位于包络线下方,则不会产生破坏。莫尔包络线的具体表达式,可根据试验结果用拟合的方法求取。目前,已经提出的包络线形式有:斜直线型、二次抛物线型、双曲线型等。其中斜直线型与库仑准则基本一致,因此可以说,库仑准则是莫尔准则的一个特例。库仑准则和莫尔准则常常被统称为莫尔-库仑准则(C-M 准则)。

莫尔强度准则与库仑准则一样,实质上是一种剪应力强度准则。一般认为,莫尔强度理论比较全面地反映了岩石的强度特征,它既适用于塑性岩石也适用于脆性岩石的剪切破坏;同时也反映了岩石抗拉强度远小于其抗压强度这一特征,并能解释岩石在三向等拉时会破坏,在三向等压时不会破坏的特点,因此莫尔强度准则在岩石工程实践中应用比较广泛。但是,莫尔强度理论与库仑准则一样没有反映中间主应力对岩石强度的影响,这与试验结果往往存在一定的出入。另外,该判据只适用于剪切破坏,受拉区域的适用性还需进一步探讨,并且不适用于岩石类材料的膨胀或蠕变破坏。

1952 年,Drucker 等[185]对莫尔-库仑准则和弹塑性理论中的 Mises 准则进行扩展和推广,建立了 Drucker-Prager 强度准则(D-P 准则):

$$f = \alpha I_1 + \sqrt{J_2} - K = 0 \tag{3.13}$$

式中,$I_1$ 为应力张量第一不变量;$J_2$ 为应力偏量第二不变量,且

$$\begin{cases} I_1 = \sigma_1 + \sigma_2 + \sigma_3 \\ J_2 = [(\sigma_1 - \sigma_2)^2 + (\sigma_2 - \sigma_3)^2 + (\sigma_3 - \sigma_1)^2]/6 \end{cases} \tag{3.14}$$

$\alpha$ 和 $K$ 则为材料常数。根据 D-P 准则圆锥面与库仑准则不等角六棱锥面之间的关系(如图 3.26 所示),常数 $\alpha$、$K$ 与材料的内聚力 $c$ 和内摩擦角 $\varphi$ 之间有三种不同的关系式[186]:

(1) 当 D-P 的圆锥面与 C-M 的不等角六棱锥面的外角点外接时,有

$$\begin{cases} \alpha = \dfrac{2\sin\varphi}{\sqrt{3(3-\sin\varphi)}} \\ K = \dfrac{6c\cos\varphi}{\sqrt{3(3-\sin\varphi)}} \end{cases} \tag{3.15}$$

(2) 当 D-P 的圆锥面与 C-M 的不等角六棱锥面的内角点外接时,有

$$\begin{cases} \alpha = \dfrac{2\sin\varphi}{\sqrt{3(3+\sin\varphi)}} \\ K = \dfrac{6c\cos\varphi}{\sqrt{3(3+\sin\varphi)}} \end{cases} \tag{3.16}$$

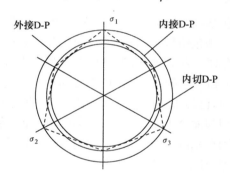

图 3.26　D-P 强度准则与 C-M 强度准则的关系

Fig. 3.26　Relationship between Drucker-Prager criterion and Coulomb-Mohr criterion

(3) 当 D-P 的圆锥面与 C-M 的不等角六棱锥面内切时,有

$$\begin{cases} \alpha = \dfrac{\sin\varphi}{\sqrt{3(3+\sin^2\varphi)}} \\ K = \dfrac{\sqrt{3}c\cos\varphi}{\sqrt{3+\sin^2\varphi}} \end{cases} \tag{3.17}$$

从式(3.13)中可以看出,D-P 准则考虑了中间主应力对岩石强度的影响,克服了 C-M 准则的主要弱点,但是该判据在实际应用中仍存在一定程度的缺陷和不完善之处。对此,文献[155]从三个方面对 D-P 强度准则进行了修正:

(1) 考虑到三维静水压力对岩石类材料破坏的影响,引进了一帽盖强度准则,使其破坏面在三维主应力空间形成一个封闭曲面。为便于数学上的处理,该帽盖

选用球面。

（2）考虑到岩土类材料在拉应力状态下破坏的特殊性，认为处于拉应力状态下的岩石类材料在其拉应力达到其单轴抗拉强度时即发生破坏。

（3）考虑到实际煤层中含有瓦斯气体，而煤层瓦斯对煤岩的强度存在影响，因此将含瓦斯煤岩的强度准则建立在有效主应力空间，以满足含瓦斯煤岩的实际情况。

基于上述三点考虑，得到了含瓦斯煤岩强度判据的数学表达式：

$$
\begin{cases}
F_1 = (\sigma_3 - p) - \sigma_t = 0 \\
F_2 = \sqrt{J_2} - \alpha(I_1 - 3p) - K = 0, & (\sigma_t < I_1 \leqslant I_0) \\
F_3 = J_2 + (I_1 - I_0) - [\alpha(I_1 - 3p) + K]^2 = 0, & (I_0 < I_1)
\end{cases}
\tag{3.18}
$$

式中，$p$ 为瓦斯压力；$\sigma_t$ 为煤岩材料单轴抗拉强度；$I_0$ 为第一应力张量不变量 $I_1$ 的临界值，其余符号意义同前。据式（3.18）可得含瓦斯煤岩强度判据在三维主应力空间中的破坏面为一由图 3.27 所示的 $I_1 - J_2^{1/2}$ 破坏线绕 $I_1$ 轴旋转而成的轴对称旋转曲面。

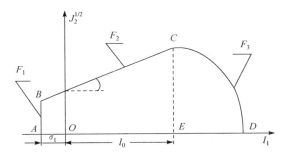

图 3.27　含瓦斯煤岩的强度曲线

Fig. 3.27　Strength curve of coal containing gas

从式（3.18）可以看出，在有效应力计算中只考虑了游离瓦斯压力的影响。然而在前文分析中发现，吸附瓦斯及温度对煤体内部应力分布均存在一定程度的影响，对此，本书拟作进一步的分析。

实际上，式（3.18）中的有效应力计算是基于 Terzaghi 于 1923 年提出的饱和土有效应力原理。该有效应力原理能较好地解决土力学问题，但并不完全适应富含吸附瓦斯的煤。这是因为煤中吸附了大量瓦斯发生膨胀将产生膨胀应力，同时在深部高温环境下，热膨胀也将产生热膨胀应力，因此在建立含瓦斯煤岩的有效应力表达式时应把吸附膨胀应力及热膨胀应力考虑进去。

我们知道，天然煤是由固体煤、吸附瓦斯和自由瓦斯组成的类三相体。在外应力 $\sigma_i (i=1,2,3)$ 作用下，煤粒间产生支撑应力 $\sigma_f$，并产生平衡外力的吸附膨胀应力

$\sigma_{sp}$ 和热膨胀应力 $\sigma_{Tp}$。同时，裂隙中的游离瓦斯压力 $p$ 作用在裂隙表面及自由气体上也平衡一部分外应力。支撑作用力是外力引起煤骨架变形的有效作用力，支撑作用力与垂直外力作用方向的横截面面积之比，即有效应力 $\sigma_i'$[187]。这里我们不妨取一外力 $\sigma_i$ 作用的横截面，其面积设为 $S$，则在该截面上，有煤粒间支撑应力 $\sigma_f$，其作用面积设为 $S_f$，有平衡外力的吸附膨胀应力 $\sigma_{sp}$ 和热膨胀应力 $\sigma_{Tp}$，两者的作用面积也均为 $S_f$，有平衡外力的游离瓦斯压力 $p$，其作用面积为 $S_p$。根据受力平衡原理，可构建该截面的力学平衡方程：

$$\sigma_i S = \sigma_f S_f + \sigma_{sp} S_f + \sigma_{Tp} S_f + p S_p \tag{3.19}$$

其中，$S = S_f + S_p$，假设煤的孔隙率为 $\varphi$，则有 $S_f = (1-\varphi)S$，$S_p = \varphi S$。此外，我们平时所说的有效应力是在平均意义上来考虑的[188]，即应将支撑作用力折算到整个截面面积 $S$ 上来，因此，有效应力 $\sigma_i'$ 可表示如下：

$$\sigma_i' = \frac{\sigma_f S_f}{S} \tag{3.20}$$

将式(3.19)两边除以 $S$，并将式(3.20)代入，可得

$$\sigma_i' = \sigma_i - (1-\varphi)(\sigma_{sp} + \sigma_{Tp}) - \varphi p \tag{3.21}$$

将式(3.5)、式(3.6)代入式(3.21)，可得含瓦斯煤岩的有效应力表达式：

$$\sigma_i' = \sigma_i - \frac{E(1-\varphi)}{3}\left(\frac{\varepsilon_{max} p}{p + p_{50}} + \beta_T T\right) - \varphi p \tag{3.22}$$

式(3.22)可改写成有效应力的习惯表达式形式：

$$\begin{cases} \sigma_i' = \sigma_i - \delta p \\ \delta = \frac{E}{3}(1-\varphi)\left(\frac{\varepsilon_{max}}{p + p_{50}} + \frac{\beta_T T}{p}\right) + \varphi \end{cases} \tag{3.23}$$

式中，$\delta$ 即为孔隙压系数。由此便得到了综合考虑孔隙结构、吸附瓦斯、游离瓦斯及温度影响的含瓦斯煤岩有效应力方程。

将式(3.23)代入式(3.18)中，可得

$$\begin{cases} F_1 = (\sigma_3 - \delta p) - \sigma_t = 0 \\ F_2 = \sqrt{J_2} - \alpha(I_1 - 3\delta p) - K = 0, \quad (\sigma_t < I_1 \leq I_0) \\ F_3 = J_2 + (I_1 - I_0) - [\alpha(I_1 - 3\delta p) + K]^2 = 0, \quad (I_0 < I_1) \\ \delta = \frac{E}{3}(1-\varphi)\left(\frac{\varepsilon_{max}}{p + p_{50}} + \frac{\beta_T T}{p}\right) + \varphi \end{cases} \tag{3.24}$$

式(3.24)则为考虑热流固耦合效应的含瓦斯煤岩强度判据。为了考察该判据对实际煤岩峰值强度拟合的准确性，本书用前述不同围压、不同瓦斯压力、不同温度条件下赵庄矿和寺河矿的含瓦斯煤岩在三轴压缩应力状态下的峰值强度实测结果对上述修正后的强度判据进行了验证，拟合结果如图3.28所示。

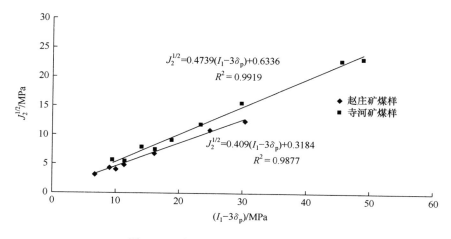

图 3.28　含瓦斯煤岩的峰值强度曲线

Fig. 3.28　Peak strength curve of coal containing gas

由图可以看出,修正后的含瓦斯煤岩强度判据能够较好地反映出不同条件下赵庄矿和寺河矿型煤及原煤样在三轴应力状态下的峰值强度特征。这为第 6 章建立含瓦斯煤岩体稳定性评价的强度判据奠定了理论基础。

### 3.4.5　含瓦斯煤岩三轴压缩破坏过程中的能量分析

从含瓦斯煤岩的三轴压缩力学试验可知,含瓦斯煤岩三轴压缩力学试验中的典型全应力-应变过程曲线如图 3.29 所示。由图可以看出,应力对煤样做功经历了两个过程,一个是从 $O$ 点到 $C$ 点,为应力压缩煤体积聚能量过程,其能量以应变能的形式储藏于煤体内,总量为 $W_0$;另一个是从 $C$ 点到 $D$ 点,为应力破碎煤体消

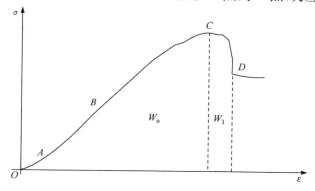

图 3.29　含瓦斯煤岩三轴压缩状态下全应力-应变过程

Fig. 3.29　The complete stress-strain of the coal containing gas under the triaxial compression

耗能量过程,消耗的总量为 $W_1$。当 $W_0 > W_1$ 时,则破坏后的煤岩体内仍积聚有一定的应变能,处于危险状态;当 $W_0 \leqslant W_1$ 时,则表明应力压缩含瓦斯煤岩所积聚的应变能消耗殆尽,破坏后的煤岩体将失去对外做功的能力。

从弹塑性力学理论可知,含瓦斯煤岩在应力作用下所引起的变形主要有弹性变形和塑性变形两部分,因而,相应地储存于煤岩体中的应变能 $W_0$ 也主要以弹性变形能和塑性变形能两种形式存在。当在图 3.29 中任一点进行卸载时,随着煤岩体中应力的降低,所能恢复的变形部分实际上只可能是其中的弹性变形部分,而其释放的能量也只会是弹性变形能。因此,在实际煤储层中,当由于采煤及掘进工程而使煤岩体所处的地应力状态发生变化时,随着其应力水平的逐渐降低,所能释放出来的能量显然也只可能是其中的弹性变形能。当然,在含瓦斯煤岩破坏过程中,也会伴随有一定的瓦斯内能的积聚与释放,其值可由式(2.11)进行计算。

对于含瓦斯煤岩体的弹性应变能,可用下式进行计算:

$$W_E = \frac{1}{2E_0} \left[ (\sigma_1'^2 + \sigma_2'^2 + \sigma_3'^2) - 2\nu(\sigma_1'\sigma_2' + \sigma_2'\sigma_3' + \sigma_3'\sigma_1') \right] \qquad (3.25)$$

式中,$\sigma_1'$、$\sigma_2'$、$\sigma_3'$ 为临卸载前含瓦斯煤岩所处应力状态的三个有效主应力的值,其具体值均用式(3.23)进行计算。$E_0$ 和 $\nu$ 为煤岩在线弹性变形阶段的弹性模量和泊松比,可由含瓦斯煤岩三轴压缩力学试验测定。

# 3.5　含瓦斯煤岩破坏过程中的渗透特性

在漫长的成煤过程中伴随有瓦斯气体的生成,因此,煤储层是一种赋存着大量瓦斯气体的介质。在矿井生产过程中,采掘工程破坏了原岩应力场的平衡和原始瓦斯压力的平衡,形成了采掘周围岩体的应力重新分布和瓦斯流动。随着瓦斯压力降低,瓦斯气体发生解吸,煤基质出现收缩,渗透率也随之发生变化。此外,开采过程引起煤体变形,其渗透性也随之发生变化,从而影响瓦斯运移规律。而煤与瓦斯突出也正是一种伴随瓦斯气体快速释放与流动的过程,因此研究含瓦斯煤岩破坏过程中的渗透特性,对研究含瓦斯煤岩破坏失稳机理及其动态演化规律有着较大的裨益。

## 3.5.1　煤岩三轴压缩破坏过程中瓦斯渗流规律

本书在恒定围压为 2.0MPa,瓦斯压力分别为 0.5MPa、1.0MPa、1.5MPa 以及恒定瓦斯压力为 1.0MPa,围压分别为 2.0MPa、3.0MPa、4.0MPa、6.0MPa 条件下对含瓦斯煤岩进行三轴压缩破坏试验,并同时测定瓦斯流量。试验结果如图 3.30～图 3.33 所示。

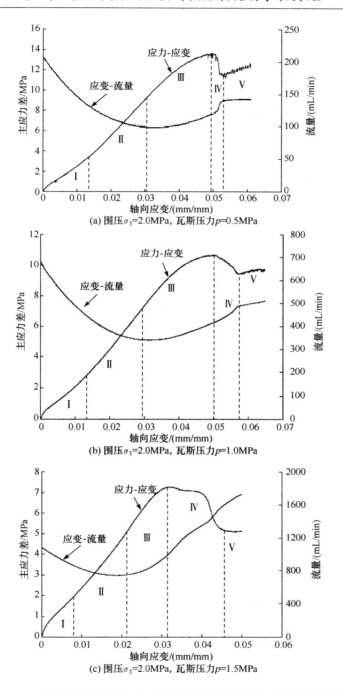

(a) 围压$\sigma_3$=2.0MPa, 瓦斯压力$p$=0.5MPa

(b) 围压$\sigma_3$=2.0MPa, 瓦斯压力$p$=1.0MPa

(c) 围压$\sigma_3$=2.0MPa, 瓦斯压力$p$=1.5MPa

图 3.30　不同瓦斯压力下赵庄矿型煤煤样应力-应变与流量的关系曲线

Fig. 3.30　Curves of stress-strain and seepage velocity-strain of Zhaozhuang coal samples

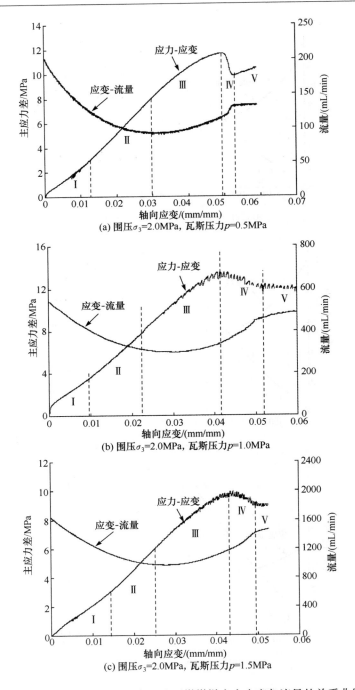

图 3.31　不同瓦斯压力下寺河矿型煤煤样应力应变与流量的关系曲线

Fig. 3. 31　Curves of stress-strain and seepage velocity-strain of Sihe coal samples

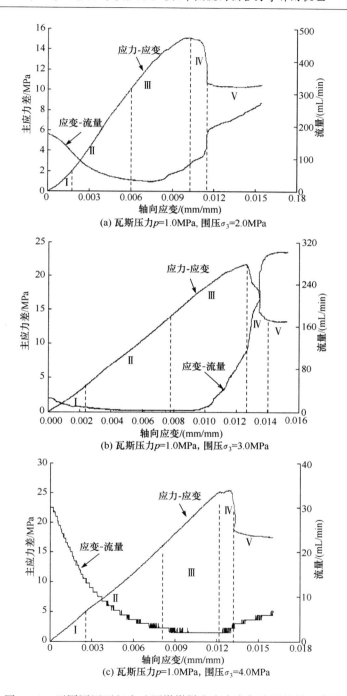

图 3.32　不同围压下赵庄矿原煤煤样应力应变与流量的关系曲线

Fig. 3.32　Curves of stress-strain and seepage velocity-strain of zhaozhuang coal samples

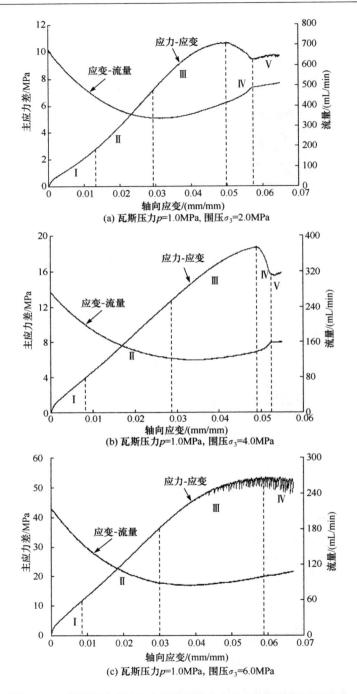

图 3.33　不同围压下赵庄矿型煤煤样应力应变与流量的关系曲线

Fig. 3. 33　Curves of stress-strain and seepage velocity-strain of zhaozhuang coal samples

分析图 3.30～图 3.33 可知,含瓦斯煤岩破坏过程中的瓦斯流量变化与其变形损伤演化过程密切相关,并呈现"U"形变化规律。本书将其大致分为以下五个阶段。

(1) 含瓦斯煤岩压密阶段(Ⅰ阶段):在该阶段,随着轴压的增加,含瓦斯煤岩原有孔裂隙逐渐闭合,煤样被压密,形成早期的非线性变形,由于试件内孔隙率的减小,供瓦斯流动的通道变窄,引起煤样渗透率的降低,宏观上表现为瓦斯流量的降低。

(2) 含瓦斯煤岩弹性变形阶段(Ⅱ阶段):在该阶段,含瓦斯煤岩的应力-应变曲线都近似线性变化。随着轴向应力的增加,对于原煤煤样而言,其内部初始孔裂隙进一步闭合,瓦斯流量继续降低;对于型煤煤样而言,其内部颗粒进一步受到挤压而产生错动,煤粉颗粒之间的原始间隙被填充,空隙的闭合面增加,瓦斯流动的通道进一步被压密,使瓦斯流动变得更加困难,宏观上表现为瓦斯流量的进一步降低。

(3) 含瓦斯煤岩屈服阶段(Ⅲ阶段):进入该阶段后,含瓦斯煤岩的变形发生质的变化,从弹性进入塑性变形阶段。随着轴向应力增加,对于原煤煤样而言,其内部原始孔裂隙发生稳定扩展,产生了塑性变形,进入应变强化阶段;对于型煤煤样而言,其颗粒之间开始发生剪切运动,促使裂纹稳定扩展,进入了屈服变形阶段。在屈服点附近,含瓦斯煤岩的瓦斯流量降至最小,随后由于含瓦斯煤岩内部结构原生裂隙出现扩展并有新的微裂隙产生,使煤样的渗透率变大,瓦斯流量开始逐渐增大。

(4) 含瓦斯煤岩应力跌落阶段(Ⅳ阶段):在该阶段,对于原煤煤样而言,其承载力达到峰值强度后,随着轴向变形的继续增加,煤样内部结构遭到破坏,裂隙进一步扩展、交叉且相互贯通,导致应力迅速跌落,其瓦斯流量从缓慢增大演化为急剧增大,且超越初始流量;对于型煤煤样而言,孔裂隙在剪切破坏的基础上进一步发展,承载力开始下降,但没有发生应力突降现象,其瓦斯流量也呈现稳定增加的态势,但不会超过其初始流量。

(5) 含瓦斯煤岩应力残余阶段(Ⅴ阶段):在该阶段,对于原煤煤样而言,虽然形成了宏观破坏,但在围压等作用下,仍具有一定的承载能力,处于应变软化阶段,瓦斯流量增加缓慢,基本趋于稳定;对于型煤煤样而言,随着其轴向应变逐渐增加,煤样进入蠕变阶段,随着试样轴向压缩,其径向变形也在不断地扩展,瓦斯流量也有缓慢的增加,并趋于稳定。

含瓦斯煤岩破坏过程中的瓦斯流量变化实际是由其内部孔裂隙结构变化决定的,因此,瓦斯流量变化存在滞后于应变的现象。从图 3.30～图 3.33 中可见,瓦斯流量的最小值并非严格出现在屈服点处,而是稍往后延。从含瓦斯煤岩体积应变与瓦斯流量的关系曲线中更能看出这种滞后现象:随着煤样内孔裂隙被压密闭合,体积应变增大,引起煤样瓦斯流量的持续降低,直到煤样的体积应变最大值后,瓦斯流量出现拐点并开始逐渐增大,但其最小值并非对应于煤样的屈服点,也并非对应于体积应变最大值(扩容起始点),而是有一定程度的滞后,如图 3.34 所示。

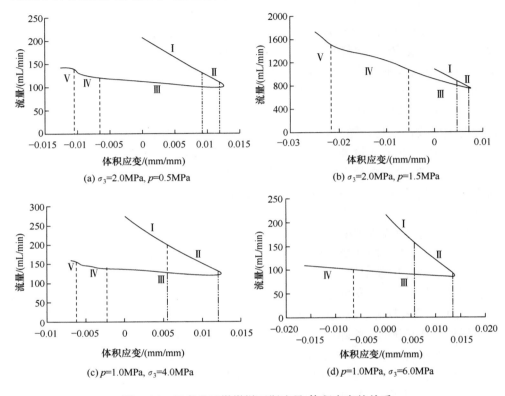

(a) $\sigma_3$=2.0MPa, $p$=0.5MPa

(b) $\sigma_3$=2.0MPa, $p$=1.5MPa

(c) $p$=1.0MPa, $\sigma_3$=4.0MPa

(d) $p$=1.0MPa, $\sigma_3$=6.0MPa

图 3.34　赵庄矿型煤煤样瓦斯流量-体积应变的关系

Fig. 3.34　The curves of seepage velocity with volumetric strain of Zhaozhuang coal samples

### 3.5.2　热力耦合作用对煤岩瓦斯渗流的影响

1) 温度及瓦斯压力恒定条件下有效应力对煤岩瓦斯渗流的影响

由于煤是一种多孔介质,在矿井开采过程中,瓦斯渗流场与煤体应力场的耦合作用普遍存在,尤其是在危害巨大的煤与瓦斯突出现象中流固两场耦合的作用显著,而有效应力是反映它们之间相互影响和制约的关键因素之一。自 Biot[189] 提出了有效应力与渗透场之间关系以来,国内外学者在应力场对煤岩体渗透性影响方面相继开展了一系列的研究:在国外,研究者通过试验发现应力对煤体渗透性的影响显著,结合试验数据及理论分析得到了有效应力与煤岩体渗透率之间的耦合关系式[159,190~193]。在国内,林柏泉等[67]较早地进行了模拟地应力环境下煤样瓦斯的渗透率试验。此后,学者们通过对含瓦斯煤岩有效应力的分析,实验研究了三轴应力条件下及有效应力下煤的渗透性，相应得到了应力与煤的渗透率之间的关系式[75,194,195]。

　　然而，由于煤层所处地质环境决定了其渗透率影响因素纷繁复杂，目前还没有形成一个被公认的煤层渗透率与有效应力的函数关系式。本书恒定试验温度为30℃、瓦斯压力为 1.0MPa，在有效应力分别为 1.0MPa、2.5MPa、4.0MPa、5.5MPa、7.0MPa 条件下进行煤岩瓦斯渗流试验，探讨煤岩渗透率随有效应力的变化规律，并由所定义的煤样渗透率对有效应力的敏感系数，将有效应力的影响进行单一化处理，从而推导基于敏感系数的煤样渗透率与有效应力的函数关系式。

　　试验结果如表 3.1 所示。根据表 3.1 的试验数据，可拟合得到煤样渗透率与有效应力之间的关系曲线如图 3.35 所示，其关系方程则如表 3.2 所示。从表 3.2 可知，含瓦斯煤岩的渗透率与有效应力之间满足如下负指数关系：

$$K = a\exp(-b\sigma_e) \tag{3.26}$$

式中，$K$ 为渗透率，mD；$a$、$b$ 为拟合参数；$\sigma_e$ 为有效应力，MPa。

**表 3.1　试验结果**

**Table 3.1　Experimental results**

| 有效应力 $\sigma_e$/MPa | 赵庄矿型煤 $K$/mD | 赵庄矿原煤 $K$/mD | 寺河矿型煤 $K$/mD | 寺河矿原煤 $K$/mD |
|---|---|---|---|---|
| 1.0 | 43.29 | 2.85 | 31.18 | 0.51 |
| 2.5 | 23.71 | 0.71 | 16.91 | 0.15 |
| 4.0 | 15.93 | 0.22 | 11.58 | 0.09 |
| 5.5 | 12.11 | 0.09 | 8.55 | 0.05 |
| 7.0 | 9.58 | 0.05 | 6.59 | 0.03 |

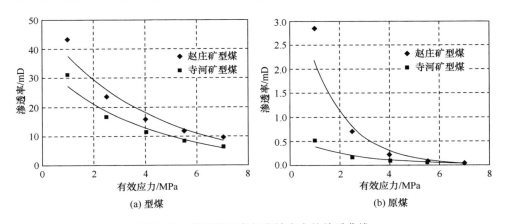

图 3.35　煤样渗透率与有效应力的关系曲线

Fig. 3.35　Relation curves of permeability and effective pressure for coal samples

**表 3.2　渗透率与有效应力的拟合方程**

**Table 3.2　Fitting equating between permeability and effective pressure**

| 煤样 | $K\text{-}\sigma_e$ 拟合公式 | 相关系数 $R^2$ |
| --- | --- | --- |
| 赵庄矿型煤煤样 | $K=48.17\exp(-0.2459\sigma_e)$ | 0.9609 |
| 赵庄矿原煤煤样 | $K=4.29\exp(-0.6754\sigma_e)$ | 0.9733 |
| 寺河矿型煤煤样 | $K=35.16\exp(-0.2526\sigma_e)$ | 0.9680 |
| 寺河矿原煤煤样 | $K=0.59\exp(-0.4343\sigma_e)$ | 0.9484 |

从图 3.35 可以看出,随着有效应力的增加,无论是型煤还是原煤煤样的渗透率均呈现有规律地下降,且该规律符合负指数函数关系。但在有效应力增大到一定程度后,渗透率的变化率逐步趋于平缓。分析其中原因,本书认为,在有效应力增加初期,煤样在有效应力作用下发生收缩变形,原始孔裂隙被压密闭合,煤样内有效孔隙渗流通道直径逐渐变小,导致煤样渗透率减小,但随着有效应力越来越大,煤岩内部孔隙渗流通道被压缩到一定程度后,有效应力对它的压缩效应就逐渐变弱,有效孔隙渗流通道直径将逐渐趋于稳定值,反映到煤样渗透率上则是将逐渐趋于某一常数。此外,从图上还可以看到,在有效应力相等的情况下,无论是型煤煤样还是原煤煤样,赵庄矿的渗透率总是大于寺河矿,表明赵庄矿煤样的孔隙率大于寺河矿煤样,这与第 2 章中关于两个矿煤样的孔隙结构分析结果是吻合的。

对比型煤和原煤可以发现,型煤煤样的渗透率随有效应力的增大变化较均匀,而原煤煤样的渗透率变化在有效应力增长初期远远大于后期,这估计与原煤煤样的弹性强于型煤煤样有关,其变形对应力的敏感性大于型煤煤样,因此其有限的孔隙渗流通道压密闭合空间在应力增长初期很快便达到极限,而型煤煤样孔隙率大于原煤煤样,其孔隙渗流通道被压密闭合的空间则要大于原煤煤样。

为了定量化地描述渗透率对有效应力的敏感关系,本书定义了渗透率对有效应力的敏感系数[196]:

$$C_k=-\frac{1}{K_0}\frac{\partial K}{\partial \sigma_e} \tag{3.27}$$

通过该敏感系数可以很清晰地得到有效应力对渗透率的影响关系: $C_k$ 值越大,表明煤样渗透率对有效应力的变化就越敏感,在有效应力相同变化幅度下,煤样渗透率变化值越大;反之,$C_k$ 值越小,则敏感性不高,煤样渗透率随有效应力变化梯度就越小。

根据以上敏感系数的定义,在非连续变化的有效应力 $\sigma_e$ 下所测得渗透率 $K$ 值后,可用下式计算 $C_k$ 值:

$$C_k=-\frac{1}{K_0}\frac{\Delta K}{\Delta \sigma_e} \tag{3.28}$$

将表 3.1 中煤样渗透试验所获得的试验数据代入式(3.28),并经数值拟合后得到 $C_k$-$\sigma_e$ 拟合曲线如图 3.36 所示,其拟合方程如表 3.3 所示。

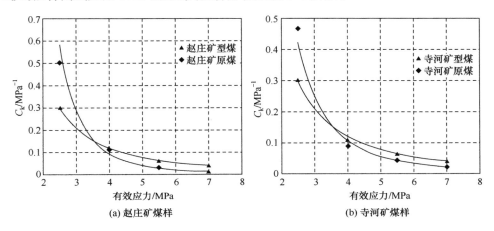

图 3.36　煤样敏感系数与有效应力的拟合曲线

Fig. 3.36　Fitting curves between coefficient of sensitiveness and effective pressure for coal samples

表 3.3　敏感系数与有效应力的拟合方程

Table 3.3　Fitting equating between coefficient of sensitiveness and effective pressure

| 煤　样 | $C_k$-$\sigma_e$ 拟合公式 | 相关系数 $R^2$ |
|---|---|---|
| 赵庄矿型煤煤样 | $C_k = 1.9118\sigma_e^{-2.0143}$ | 0.9987 |
| 赵庄矿原煤煤样 | $C_k = 21.4710\sigma_e^{-3.9312}$ | 0.9829 |
| 寺河矿型煤煤样 | $C_k = 1.7370\sigma_e^{-1.9285}$ | 0.9982 |
| 寺河矿原煤煤样 | $C_k = 6.1556\sigma_e^{-2.9181}$ | 0.9901 |

从表 3.3 可以看出,$C_k$-$\sigma_e$ 关系曲线拟合精度较好,因此,煤样的 $C_k$-$\sigma_e$ 关系符合如下幂函数规律:

$$C_k = m\sigma_e^{-n} \tag{3.29}$$

式中,$m$、$n$ 分别为拟合参数。

分析图 3.36 可以得出,在有效应力增长初期,原煤煤样渗透率对有效应力的敏感系数较型煤煤样大,说明在有效应力变化相同的情况下,原煤煤样渗透率变化量比型煤煤样大。此外,随着有效应力增长,煤样渗透率对有效应力的敏感系数不断在减小,在有效应力增加到一定值以后,$C_k$ 值变化趋于平缓。上述煤样渗透率对有效应力的敏感系数变化规律与渗透率随有效应力的增加而变化的规律是一致的,这也说明 $C_k$ 值能有效地反映渗透率随有效应力的变化趋势。

根据式(3.27)可知,当有效应力从 $\sigma_{e0}$ 变化到 $\sigma_{ei}$ 时,则有

$$K_i = K_0 \left( 1 - \int_{\sigma_{e0}}^{\sigma_{ei}} C_k \mathrm{d}\sigma_e \right) \tag{3.30}$$

将式(3.29)代入式(3.30)得

$$K_i = K_0 \left( 1 - \int_{\sigma_{e0}}^{\sigma_{ei}} m\sigma_e^{-n} \mathrm{d}\sigma_e \right) \tag{3.31}$$

将式(3.31)进一步积分可得

$$K_i = K_0 \left[ 1 - \frac{m}{1-n} (\sigma_{ei}^{1-n} - \sigma_{e0}^{1-n}) \right] \tag{3.32}$$

式(3.32)即为反映含瓦斯煤岩渗透率对有效应力敏感性的渗透率计算公式,该公式将煤样渗透率的多种影响因素进行单一化处理后,提高了研究有效应力单一影响因素下煤样渗透率的准确性。

2) 有效应力及瓦斯压力恒定条件下温度对煤岩瓦斯渗流的影响

将瓦斯压力恒定为 1.0MPa,有效应力分别恒定在 1.0MPa、4.0MPa、7.0MPa,进行温度为 30℃、40℃、50℃、60℃、70℃条件下煤岩瓦斯渗流试验。试验获得了在不同有效应力条件下,含瓦斯煤岩渗透率随温度的变化规律,如图 3.37 所示。

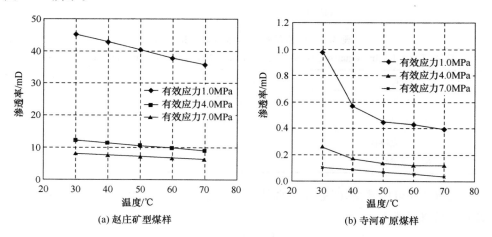

图 3.37 不同有效应力条件下含瓦斯煤岩渗透率与温度关系曲线

Fig. 3.37 The relationship between permeability and temperature under different effective stress

从图 3.37 中可以看出,当有效应力一定时,型煤和原煤的渗透率均随着温度的升高而逐渐降低。此外,对于原煤煤样,温度低于 40℃时,渗透率随温度升高下降比较快,温度超过 40℃后,渗透率下降逐渐变慢,并随着温度的升高逐渐趋于定值。而对于型煤煤样而言,其渗透率随温度升高下降较均匀,且其下降比例远远小于原煤煤样。分析温度对含瓦斯煤岩渗透率的影响,本书认为:一方面,随着温度的升高,煤体骨架的热膨胀量逐渐增大,但是由于轴压和围压对煤样的限制作用[197],煤体体积向外扩展是有限的,因此,煤体骨架的热膨胀量只能向内扩展,从而导致煤岩内部孔裂隙的体积随着煤体骨架膨胀量的增大而逐渐减小,有效瓦斯渗流通道变窄,引起渗透率下降;另一方面,煤体骨架的热膨胀量不会随着温度的升高无限制的增长,随着温度的升高,煤骨架的膨胀量的变化率会逐渐减小,即孔裂隙体积的变化率逐渐减小,因此含瓦斯煤岩渗透率随温度升高其变化量越来越小,并趋于一个定值。对于型煤煤样,在不同温度区间内渗透率下降速率的变化不是很明显,这可能是因为与原煤相比,型煤煤样的孔隙率比较大,煤体骨架的膨胀空间较大,在本书试验所涉及的温度范围内,煤骨架热膨胀引起的孔隙变化较弱的缘故。

通过对图 3.37 中含瓦斯煤岩渗透率与温度的关系曲线进行拟合,其拟合结果见表 3.4,可知煤样渗透率随温度的变化规律符合负指数函数关系:

$$K = A\exp(-BT) \tag{3.33}$$

式中,$K$ 为渗透率,mD;$A$、$B$ 为拟合参数;$T$ 为温度,℃。

**表 3.4　煤样渗透率与温度的拟合方程**

**Table 3.4　Fitting equations between permeability of coal and temperature**

| 煤样 | 有效应力/MPa | $K$-$T$ 拟合公式 | 相关系数 $R^2$ |
|---|---|---|---|
| 赵庄矿型煤煤样 | 1.0 | $K=54.114\exp(-0.0059T)$ | 0.9979 |
| | 4.0 | $K=15.201\exp(-0.0071T)$ | 0.9958 |
| | 7.0 | $K=10.145\exp(-0.0065T)$ | 0.9984 |
| 寺河矿原煤煤样 | 1.0 | $K=1.510\exp(-0.0209T)$ | 0.8094 |
| | 4.0 | $K=0.395\exp(-0.0188T)$ | 0.8583 |
| | 7.0 | $K=0.248\exp(-0.0271T)$ | 0.9744 |

### 3.5.3　基质收缩效应对煤岩瓦斯渗流的影响

在煤与瓦斯突出过程中,随着瓦斯气体的快速解吸及排放,一方面由于煤储层内流体压力降低,有效应力增大,孔裂隙被压缩,引起渗透率降低;另一方面由于煤基质收缩,孔裂隙空间被扩大,导致渗透率增大。这种正负效应同时存在,其综合作用效果是煤层瓦斯抽放以及煤与瓦斯突出发展过程所要考虑的重要因素之一。

尽管已经有学者在探讨煤基质收缩作用对煤储层渗透率影响方面进行过相关的实验研究[198],但该学者是在较高瓦斯压力下($p>2.0$MPa)进行的试验测试,而对于低压瓦斯时滑脱效应较为明显情况下的煤基质收缩效应作用机制问题仍有待于深入探讨与揭示。基于此,本书开展了不同低压瓦斯条件下含瓦斯煤岩的渗透性试验,考察基质收缩效应对煤层渗透率的影响。

值得说明的是,在煤层瓦斯压力变化过程中,有效应力效应、气体滑脱效应和煤基质收缩效应同时对储层渗透性产生影响。因此,要单独考察煤基质收缩的影响,则需消除或估算有效应力效应和气体滑脱效应对煤储层渗透性的影响程度。因此,为消除有效应力对孔裂隙压缩的影响,试验中始终保持施加在煤试件上的有效应力为2.5MPa,当瓦斯压力增减时,同时调整轴压和围压使有效应力始终恒定在同一水平。考虑到He是一种几乎不被煤体吸附的气体,He的克氏渗透率即可视为煤样的绝对渗透率,为此,为估算气体滑脱效应对煤储层渗透性的影响,试验中还设计了一组He与$CH_4$的平行渗流试验。另一方面,由于所有试验均是在煤样的弹性变形阶段以下进行的,因此,煤岩的吸附膨胀效应对试件渗透率的影响可近似视为与煤基质收缩效应等效。

　　表3.5具体给出了$CH_4$和He在不同气体压力条件下通过煤样的气体流量。而煤样的气体渗透率可由式(3.34)进行计算[199],其计算结果参见表3.6。

$$K_g = \frac{2qp_0\mu_g L}{A(p^2 - p_0^2)} \tag{3.34}$$

式中:$K_g$为每个气体压力点下的气相渗透率,$m^2$;$q$为气体流量,$m^3/s$;$\mu_g$为在测定温度下气体的动力黏度,$Pa \cdot s$;$L$为煤样长度,$m$;$A$为煤横截面面积,$m^2$;$p$为进气压力,MPa;$p_0$为出气压力(即大气压),MPa。

**表3.5　各级气体压力下所测定的流量**

**Table 3.5　Flowrate under different pressures** （单位:L/min）

| 实验气体 | 煤样 | 气体压力/MPa | | | | |
| --- | --- | --- | --- | --- | --- | --- |
| | | 0.3 | 0.6 | 0.9 | 1.2 | 1.5 |
| $CH_4$ | 赵庄矿 | 0.007 | 0.027 | 0.066 | 0.128 | 0.260 |
| | 寺河矿 | 0.001 | 0.003 | 0.006 | 0.013 | 0.025 |
| He | 赵庄矿 | 0.005 | 0.011 | 0.025 | 0.048 | 0.095 |
| | 寺河矿 | 0.001 | 0.002 | 0.003 | 0.006 | 0.011 |

**表3.6　各级气体压力下煤样的气相渗透率**

**Table 3.6　Permeability under different pressures** （单位:mD）

| $K_g$ | 煤样 | 气体压力/MPa | | | | |
| --- | --- | --- | --- | --- | --- | --- |
| | | 0.3 | 0.6 | 0.9 | 1.2 | 1.5 |
| $K_{C,g}$ | 赵庄矿 | 1.745 | 1.539 | 1.646 | 1.785 | 2.315 |
| | 寺河矿 | 0.257 | 0.177 | 0.154 | 0.187 | 0.230 |
| $K_{H,g}$ | 赵庄矿 | 2.250 | 1.131 | 1.125 | 1.208 | 1.527 |
| | 寺河矿 | 0.465 | 0.212 | 0.139 | 0.156 | 0.183 |

在有效应力一定时,煤的气相渗透率受绝对渗透率、煤基质收缩效应和滑脱效应的影响控制,可用下式[198]表示为

$$K_g = K_0 + \Delta K_s + \Delta K_b \tag{3.35}$$

式中,$K_0$ 为煤样绝对渗透率,$m^2$;$\Delta K_s$ 为由基质收缩效应引起的渗透率变化量,$m^2$;$\Delta K_b$ 为由滑脱效应引起的渗透率变化量,$m^2$。

考虑到滑脱效应影响,经 Klinkenberg 方法进行校正后的气相渗透率可用下式表示为[200]

$$K_g = K_b \left( 1 + \frac{b}{p_{av}} \right) \tag{3.36}$$

式中,$K_b$ 为克氏渗透率;$b$ 为克林伯格系数;$p_{av}$ 为平均气体压力,且 $p_{av} = (p + p_0)/2$。

将表 3.6 中 He 在每一个压力等级下的气相渗透率数据经式(3.36)回归分析可获得 He 的克氏渗透率 $K_{H,b}$(该值即可视为煤样的绝对渗透率 $K_0$)及克林伯格系数 $b_H$。当有效应力恒定时,$CH_4$ 的克林伯格系数 $b_C$ 与 He 的克林伯格系数 $b_H$ 满足如下关系[200]:

$$b_C = \frac{\mu_C}{\mu_H} \frac{M_H}{M_C} b_H \tag{3.37}$$

式中,$\mu_C$、$\mu_H$ 分别为在测定温度下 $CH_4$ 和 He 的动力黏度,$Pa \cdot s$;$M$ 为气体相对分子质量。将由式(3.37)求取的 $CH_4$ 的克林伯格系数 $b_C$ 代入式(3.36)中,结合表 3.6 中 $CH_4$ 在每一个压力等级下的气相渗透率数据,即可求得 $CH_4$ 的克氏渗透率 $K_{C,b}$。

由式(3.36)可知,$CH_4$ 气体滑脱效应引起的渗透率变化量 $\Delta K_b$ 即为

$$\Delta K_b = K_{C,g} - K_{C,b} = K_{C,b} \frac{b_C}{p_{av}} \tag{3.38}$$

将式(3.38)代入式(3.35)中,即可求取 $CH_4$ 在每一压力等级下由基质收缩效应引起的渗透率变化量:

$$\Delta K_s = K_g - K_{H,b} - K_{C,b} \frac{b_C}{P_{av}} \tag{3.39}$$

经由式(3.36)、式(3.37)、式(3.38)及式(3.39)计算所得的 $CH_4$ 下煤样的绝对渗透率 $K_0$、克林伯格系数 $b_C$、克氏渗透率 $K_{C,b}$ 以及基质收缩效应影响下的煤样渗透率变化量 $\Delta K_s$ 参见表 3.7。

表 3.7　CH₄气体下煤样渗透率参数计算结果

Table 3.7　Parameters of gas-phase permeability in coals

| 煤样 | $p$/MPa | $K_0$/mD | $b_C$/MPa | $K_{C,b}$/mD | $\Delta K_s$/mD |
|---|---|---|---|---|---|
| 赵庄矿 | 0.3 | | | 1.251 | 0.410 |
| | 0.6 | | | 1.255 | 0.414 |
| | 0.9 | 0.842 | 0.079 | 1.421 | 0.579 |
| | 1.2 | | | 1.592 | 0.750 |
| | 1.5 | | | 2.107 | 1.266 |
| 寺河矿 | 0.3 | | | 0.040 | 0.019 |
| | 0.6 | | | 0.043 | 0.022 |
| | 0.9 | 0.021 | 1.095 | 0.048 | 0.027 |
| | 1.2 | | | 0.070 | 0.049 |
| | 1.5 | | | 0.097 | 0.076 |

图 3.38 给出了瓦斯压力与煤样气相渗透率之间的关系曲线。由图可以看出，尽管煤样取自两个不同的煤矿，但其气相渗透率随着瓦斯压力的升高均呈现分阶段的变化趋势，即当瓦斯压力小于 0.9MPa 时，渗透率随着瓦斯压力的升高而减小；但当瓦斯压力大于 0.9MPa 时，渗透率则是随着瓦斯压力的升高而增大。由此可见，两个不同煤矿的煤样在不同瓦斯压力情况下均表现出了较为明显的滑脱效应。

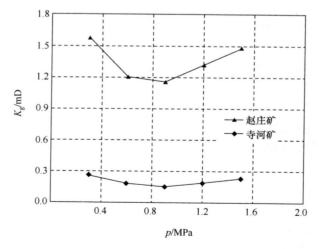

图 3.38　煤样渗透率与瓦斯压力的关系

Fig. 3.38　Relationship curves of permeability and gas pressure

图 3.39 则具体给出了两个不同煤矿的煤样在不同瓦斯压力条件下受滑脱效应影响的渗透率变化量。由图可看出,随着瓦斯压力的升高,滑脱效应对渗透率的影响逐渐减弱,并趋于稳定值。这与滑脱效应只在低压情况下表现较明显[201]的结论相吻合,随着瓦斯压力升高,滑脱效应将逐渐消失,则由其影响的渗透率变化也就逐渐减小。

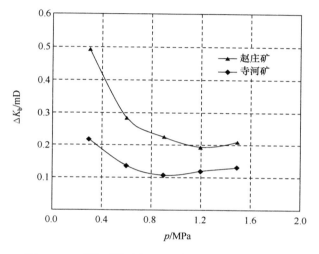

图 3.39 不同瓦斯压力下滑脱效应对渗透率的影响

Fig. 3.39 The influence of slippage effects on the permeability

通过消除滑脱效应影响后,不同瓦斯压力情况下基质吸附膨胀效应引起煤样渗透率的变化量如图 3.40 所示。由图可看出,在瓦斯压力越大的情况下,基质膨胀效应对煤样渗透率的影响越强烈,且这种关系符合指数函数关系:

$$\Delta K_s = M e^{Np} \tag{3.40}$$

式中,$M$ 和 $N$ 均为拟合参数。基于瓦斯吸附-煤体膨胀与瓦斯解吸-煤基质收缩互为可逆过程,则在煤层瓦斯解吸放散过程中,随着储层压力的降低,煤基质收缩效应对煤层渗透率的影响将越来越小,且基质收缩效应引起的渗透率变化量与瓦斯压力将呈负指数函数关系。

此外,从图 3.40 中还可以看到,在相同瓦斯压力情况下,基质收缩效应对赵庄矿煤样渗透率的影响较对寺河矿煤样的影响大,这是由两个不同煤矿煤样的力学性质差异所致。在煤样吸附 $CH_4$ 气体的过程中,$CH_4$ 对与其直径相同或相近的微裂隙和微孔隙的楔开作用与煤体的力学性质密切相关[89],对于具有较强力学性能的煤基质,$CH_4$ 对其的楔开作用就相对较弱。由于煤样的膨胀量较小,则由膨胀效应引起的渗透率变化量也就较小。对于同一煤样而言,瓦斯压力越大,楔开作用效果将更加显著,由此吸附膨胀效应引起的渗透率变化越明显。相对应地,瓦斯压力越大,在解吸时煤基质的收缩变形量自然也相对较大,则由基质收缩效应引起的渗透率变化量也就较大。

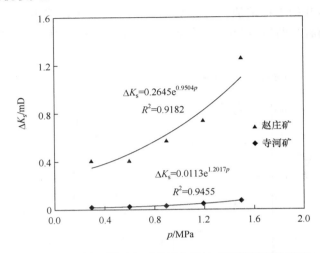

图 3.40　不同瓦斯压力下基质收缩效应对渗透率的影响

Fig. 3.40　The influence of matrix shrinkage on the permeability

由以上分析可知,在瓦斯压力较大而煤质又较松软的煤储层,基质收缩效应对其渗透率的影响较大,这也给为何该种煤层发生煤与瓦斯突出灾害时往往瓦斯涌出量较大提供了一个合理的解释。

### 3.5.4　考虑热流固耦合效应的煤储层渗透率计算模型

煤储层内部发育的孔裂隙为瓦斯的运移提供了通道,孔隙率的变化直接反映煤储层渗透性能的变化。在瓦斯解吸放散过程中,随着孔隙气体压力的降低,瓦斯从煤基质中解吸出来,发生基质收缩效应,引起有效渗流通道宽度变大,从而导致煤储层渗透性能的改善。然而目前直接定量化考察基质收缩效应引起渗透率变化还存在一定的困难,但是我们可通过考察孔隙率来反映基质收缩效应对渗透率的影响。

假设含瓦斯煤岩从瓦斯压力为 $p_0$ 的条件转变到瓦斯压力为 $p$ 的条件下,其骨架体积用 $V_s$ 表示,其变化用 $\Delta V_s$ 表示;含瓦斯煤岩的孔隙体积用 $V_p$ 表示,其变化用 $\Delta V_p$ 表示;总体积用 $V_b$ 表示,其变化用 $\Delta V_b$ 表示。则根据孔隙率的定义,作如下推导[202]:

$$\varphi = \frac{V_p}{V_b} = \frac{V_{p0} + \Delta V_p}{V_{b0} + \Delta V_b} = 1 - \frac{V_{s0} + \Delta V_s}{V_{b0} + \Delta V_b}$$

$$= 1 - \frac{V_{s0}(1 + \Delta V_s / V_{s0})}{V_{b0}(1 + \Delta V_b / V_{b0})}$$

$$= 1 - \frac{1 - \varphi_0}{1 + \varepsilon_v} \left( 1 + \frac{\Delta V_s}{V_{s0}} \right) \tag{3.41}$$

式中，$V_{p0}$ 为含瓦斯煤岩的初始孔隙体积；$V_{s0}$ 为含瓦斯煤岩的初始骨架体积；$V_{b0}$ 为含瓦斯煤岩的初始总体积；$\varphi_0$ 为含瓦斯煤岩的初始孔隙率；$\varepsilon_v$ 为含瓦斯煤岩的体积应变。

　　分析煤层瓦斯解吸放散过程可知，含瓦斯煤岩的骨架变形主要由有效应力效应引起的应变增量 $\Delta V_{sp}$、煤基质收缩效应引起的应变增量 $\Delta V_{ss}$ 和热弹性膨胀效应引起的应变增量 $\Delta V_{sT}$ 组成，则式(3.41)中

$$\frac{\Delta V_s}{V_{s0}} = \frac{\Delta V_{sp}}{V_{s0}} + \frac{\Delta V_{ss}}{V_{s0}} + \frac{\Delta V_{sT}}{V_{s0}} \tag{3.42}$$

　　假设煤层瓦斯解吸放散过程中只有瓦斯压力的变化，则当储层压力由初始压力 $p_0$ 降低到 $p$ 时，由瓦斯压力变化而导致的含瓦斯煤岩骨架体积应变量为

$$\frac{\Delta V_{sp}}{V_{s0}} = \Delta \varepsilon_p = -\beta_p (p - p_0) \tag{3.43}$$

式中，$\beta_p$ 为煤固体骨架的体积压缩系数，$MPa^{-1}$；$p_0$ 为初始瓦斯压力；$p$ 为储层瓦斯压力。

　　假设吸附与解吸是一个完全可逆的过程，则根据已有研究[90]，瓦斯吸附引起的应变数据能被很精确地模拟成类似于朗缪尔等温吸附的模型：

$$\varepsilon_s = \frac{\varepsilon_{max} p}{p + p_{50}} \tag{3.44}$$

则当储层压力由初始压力 $p_0$ 降低到 $p$ 时，瓦斯发生解吸，由基质收缩效应引起的含瓦斯煤岩骨架体积应变量为

$$\frac{\Delta V_{ss}}{V_{s0}} = \Delta \varepsilon_s = \frac{\varepsilon_{max} p}{p + p_{50}} - \frac{\varepsilon_{max} p_0}{p_0 + p_{50}} \tag{3.45}$$

式中，$\varepsilon_{max}$ 为朗缪尔体积应变(因式(3.45)与朗缪尔吸附方程相似，故称该参数为朗缪尔体积应变)，无量纲；$p_{50}$ 为 $\varepsilon_{max}$ 达到一半时对应的瓦斯压力；$\varepsilon_s$ 为解吸-吸附引起的骨架体积应变，无量纲。

　　假设瓦斯压力为 $p_0$ 时的温度为 $T_0$，瓦斯压力为 $p$ 时的温度为 $T$，则由热弹性膨胀引起的应变增量为

$$\frac{\Delta V_{sT}}{V_{s0}} = \beta_T (T - T_0) \tag{3.46}$$

式中，$\beta_T$ 为热膨胀系数，$m^3/(m^3 \cdot K)$。

　　将式(3.43)、式(3.45)代入式(3.42)得

$$\frac{\Delta V_s}{V_{s0}} = -\beta_p (p - p_0) + \varepsilon_{max} \left( \frac{p}{p + p_{50}} - \frac{p_0}{p_0 + p_{50}} \right) + \beta_T (T - T_0) \tag{3.47}$$

将式(3.47)代入式(3.41),则可得

$$\varphi = 1 - \frac{1-\varphi_0}{1+\varepsilon_v}\left[1 - \beta_p(p-p_0) + \varepsilon_{max}\left(\frac{p}{p+p_{50}} - \frac{p_0}{p_0+p_{50}}\right) + \beta_T(T-T_0)\right]$$

$$(3.48)$$

依据文献[203]的研究成果,煤储层渗透率和孔隙率的关系为

$$K = K_0\left(\frac{\varphi}{\varphi_0}\right)^3$$

$$(3.49)$$

将式(3.48)代入式(3.49)中即可得到考虑热流固耦合效应的含瓦斯煤岩渗透率计算模型:

$$K = K_0\left\{\frac{1}{\varphi_0} + \frac{(\varphi_0-1)}{\varphi_0(1+\varepsilon_v)}\left[1 - \beta_p(p-p_0) + \varepsilon_{max}\left(\frac{p}{p+p_{50}} - \frac{p_0}{p_0+p_{50}}\right) + \beta_T(T-T_0)\right]\right\}^3$$

$$(3.50)$$

式中各参数意义同前。在式(3.50)中,$K_0$ 和 $\varphi_0$ 可通过试验数据进行拟合获取,$\varepsilon_{max}$、$p_{50}$ 可通过等温吸附试验数据获取,$\varepsilon_v$ 可通过三轴压缩力学试验获取。

式(3.50)是通过借助煤储层孔隙率这一中间桥梁而推导出的煤储层渗透率模型,综合反映了有效应力、游离瓦斯压力、吸附瓦斯引起的基质收缩效应及温度对煤储层渗透率的影响。当然,由推导过程可知,该模型还只适用于弹性阶段。

为了验证式(3.50)的合理性及实用性,结合上一节中试验获取的赵庄矿煤样在不同瓦斯压力下的实测渗透率,用考虑了基质收缩效应项的渗透率模型及未考虑基质收缩效应项的渗透率模型进行对比分析。值得说明的是,由于试验中的有效应力及温度始终保持不变,因此式(3.50)中的 $\varepsilon_v$ 取为 0,且 $(T-T_0)$ 项也为 0,同时以瓦斯压力为 0.3MPa 作为对比初始点,而试验测得 $p_0 = 0.3$MPa 时,$K_0 = 1.745$mD,此外等温吸附试验测得 $\varepsilon_{max} = 0.0057$,$p_{50} = 0.1287$MPa,$\varphi_0$、$\beta_p$ 则分别取为 1.2%、0.001548MPa$^{-1}$,其对比结果如图 3.41 所示。

由图可以看到,考虑基质收缩效应影响的渗透率模型曲线能够较好地反映实测渗透率演化趋势:在低瓦斯压力下,渗透率随着瓦斯压力升高而降低,超过一定阈值后,则随着瓦斯压力升高而增大。同时,与渗透率实测值相比,其误差在 13% 以内。而不考虑基质收缩效应影响时,在瓦斯压力较低情况下,对渗透率有所低估,而在较高瓦斯压力情况下则对渗透率有所高估。

通过以上分析可知,考虑基质收缩效应影响的渗透率模型具有较好的合理性及实用性。如果再结合现场变形场及瓦斯压力场的计算,则可应用式(3.50)对现场的渗透率进行计算。

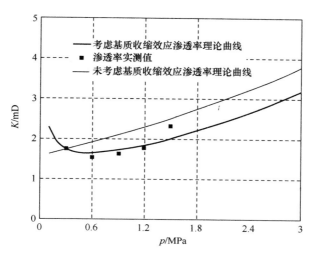

图 3.41　渗透率模型曲线与实测值对比

Fig. 3.41　Comparison curves of permeability model with the measured value

## 3.6　本 章 小 结

为深入研究热流固耦合作用下含瓦斯煤岩的力学破坏特性及其渗流演化规律,本章在综合分析同类渗流试验装置的基础上自主研制了含瓦斯煤岩热流固耦合三轴伺服渗流装置,并利用该装置对含瓦斯煤岩破坏过程中的热流固耦合作用机制进行了试验研究。所做主要工作及结论如下。

(1)自主研制了含瓦斯煤岩热流固耦合三轴伺服渗流装置。该装置能进行不同温度条件下地应力和瓦斯压力共同作用时煤岩瓦斯渗流规律及含瓦斯煤岩在渗流过程中的变形破坏特征方面的试验研究。与同类设备相比,其具有如下特点:①所进行的试验能综合反映地应力、瓦斯压力、温度等对含瓦斯煤岩力学特性及渗透率的影响;②实现了伺服液压控制加载功能,能进行多种形式的加载;③实现了"面充气",更加逼真地反映实际煤层瓦斯源的情况;④设计有导向装置,实现了加压活塞杆和支撑轴的对位,避免在加压过程中产生晃动,使得试件受压均匀而稳定;⑤数据采集使用更加灵敏、精确度更高的各类传感器;⑥设计有大型水域恒温系统,并安装有水域循环水泵,加热过程更加均匀;⑦具有研究含瓦斯煤岩渗透性、力学特性等多种功能。

(2)试验研究了围压、瓦斯压力、温度等对含瓦斯煤岩力学特性的影响,结果表明:①在瓦斯压力及温度恒定时,围压越大,含瓦斯煤岩的抗压强度及弹性模量均越大,泊松比则越小,表明围压对煤样的刚度和强度均具有一定的增强效应。因此,在巷道开挖过程中加强围岩支护以增强围压效应,有利于围岩的稳定性,而在石门揭煤时由于围压的突然降低促进了煤岩的破坏进程,容易发生煤与瓦斯突出。②在围压及温度一定时,随着瓦斯压力的增大,含瓦斯煤岩的三轴抗压强度逐渐降低。在破坏阶段,瓦斯压力越大,煤样变形的塑性特征更突出,表明瓦斯压力对煤样的刚度具有一定的软化效应。因此,瓦斯压力越大,发生煤与瓦斯突出的危险倾向性也越大。③在围压及瓦斯压力一定的情况下,温度对含瓦斯煤岩的弹性模量影响存在门槛值。温度低于该值,含瓦斯煤岩的弹性模量随着温度升高而增大;温度高于该值,含瓦斯煤岩的弹性模量随着温度升高而降低。同时,含瓦斯煤岩的抗压强度随温度的升高而有着较显著的降低,表明温度对煤样强度具有软化效应。

（3）推导了完全理想约束条件下瓦斯吸附膨胀应力及热膨胀应力的计算公式,并通过考虑煤基质瓦斯吸附膨胀及热膨胀效应的影响对含瓦斯煤岩有效应力进行了如下修正：

$$\begin{cases} \sigma'_i = \sigma_i - \delta p \\ \delta = \dfrac{E}{3}(1-\varphi)\left(\dfrac{\varepsilon_{\max}}{p+p_{50}} + \dfrac{\beta_T T}{p}\right) + \varphi \end{cases}$$

（4）对含瓦斯煤岩三轴压缩条件下的强度准则进行了讨论,并在修正的有效应力基础上,对 Drucker-Prager 准则做了进一步修正：

$$\begin{cases} F_1 = (\sigma_3 - \delta p) - \sigma_t = 0 \\ F_2 = \sqrt{J_2} - \alpha(I_1 - 3\delta p) - K = 0, \quad (\sigma_t < I_1 \leqslant I_0) \\ F_3 = J_2 + (I_1 - I_0) - [\alpha(I_1 - 3\delta p) + K]^2 = 0, \quad (I_0 < I_1) \\ \delta = \dfrac{E}{3}(1-\varphi)\left(\dfrac{\varepsilon_{\max}}{p+p_{50}} + \dfrac{\beta_T T}{p}\right) + \varphi \end{cases}$$

结合试验结果考察了修正后的含瓦斯煤岩强度准则对实际煤岩峰值强度拟合的准确性。结果表明,修正后的含瓦斯煤岩强度准则能够较好地反映出不同条件下赵庄矿和寺河矿型煤及原煤样在三轴应力状态下的峰值强度特征,这为第 6 章建立含瓦斯煤岩体稳定性评价的强度判据奠定了理论基础。

（5）试验研究了含瓦斯煤岩三轴压缩破坏过程中的渗透特性。试验结果表明：①含瓦斯煤岩破坏过程中的瓦斯流量变化与其变形损伤演化过程密切相关,并呈现"U"形变化规律。同时,瓦斯流量变化存在滞后于应变的现象。②在温度及瓦斯压力恒定时,含瓦斯煤岩的渗透率随着有效应力的增加而呈现负指数函数规律下降,但在有效应力增大到一定程度后,煤样渗透率的变化率逐步趋于平缓。通过定义煤样渗透率对有效应力的敏感系数,推导出了基于敏感系数的煤样渗透率与有效应力的函数关系式：

$$K_i = K_0\left[1 - \dfrac{m}{1-n}(\sigma_{ei}^{1-n} - \sigma_{e0}^{1-n})\right]$$

而当有效应力及瓦斯压力恒定时,含瓦斯煤岩的渗透率随着温度的升高而下降,并呈现负指数函数规律。③滑脱效应及基质收缩效应对含瓦斯煤岩渗透率存在影响,当有效应力恒定时,随着瓦斯压力增加,由滑脱效应引起的煤样渗透率变化量逐渐减小,而由基质收缩效应引起的渗透率变化量逐渐增大。

(6) 通过借助煤储层孔隙率这一中间桥梁推导出了考虑煤基质收缩效应及热膨胀效应的煤储层渗透率模型:

$$K=K_0\left\{\frac{1}{\varphi_0}+\frac{(\varphi_0-1)}{\varphi_0(1+\varepsilon_v)}\left[1-\beta_p(p-p_0)+\varepsilon_{max}\left(\frac{p}{p+p_{50}}-\frac{p_0}{p_0+p_{50}}\right)+\beta_T(T-T_0)\right]\right\}^3$$

该方程综合反映了有效应力、游离瓦斯压力、吸附瓦斯引起的基质收缩效应及温度对煤储层渗透率的影响,通过试验所测渗透率数据对其实用性及合理性进行了验证。结果表明,考虑基质收缩效应及热膨胀效应影响的渗透率模型曲线能够较好地反映实测渗透率的演化趋势。

# 第4章 含瓦斯煤岩剪切变形破坏过程及其损伤演化规律

## 4.1 概　述

从综合作用假说的观点来看,煤与瓦斯突出实质上是在应力与瓦斯耦合作用下煤岩体产生剪切破坏后在外部扰动下失稳所形成的一种灾害现象。然而目前有关含瓦斯煤岩剪切力学特性,特别是含瓦斯煤岩剪切裂纹演化过程的研究成果却相对较少。因此,开展应力与瓦斯耦合作用下煤岩剪切力学特性的研究,特别是从细观角度,对煤岩剪切破坏过程中裂纹的产生、扩展、相互影响、相互沟通的动态演化过程进行研究,对更深层次地揭示煤与瓦斯突出发生机理及更科学合理地提出其预测预防措施具有重要的理论价值和工程指导意义。

基于以上认识,本章拟在详细介绍自主研发的含瓦斯煤岩细观剪切试验装置并利用该装置分别进行不同瓦斯压力、不同加载速率及不同法向应力条件下含瓦斯煤岩的细观剪切力学特性试验研究的基础上,探讨含瓦斯煤岩的剪切力学特性及其在剪切荷载作用下煤岩裂纹的细观动态演化规律,并采用断裂力学的相关理论对含瓦斯煤岩裂纹的开裂、扩展机理进行分析。最后,基于岩石破裂的分形研究方法,对含瓦斯煤岩剪切破坏过程中损伤演化的分形特征进行研究。

## 4.2 含瓦斯煤岩细观剪切试验装置的研制

### 4.2.1 研制思路及目的

地下煤岩体一般处于三向应力状态,但随着采矿活动的进行,煤岩体受力状态将发生改变。通过实验室测定煤岩材料在不同应力状态下的力学参数是矿山工程设计、施工的重要依据。目前,煤岩材料的力学参数主要是通过实验室在单轴或常规三轴应力状态下测定的。一般而言,单轴情况下获得的试验参数难以应用到一个具有复杂应力环境的实际工程中去。此外,岩石在常规三轴应力状态下所表现出的强度特征和真三轴应力状态下是有明显区别的[204],而 Labuz 等[205]的研究则表明,岩石在平面应变条件下的变形破坏也是不同于常规三轴应力状态的。由此可见,在不同应力状态下,煤岩将表现出不同的变形、损伤和破坏特征,具有明显的强度差异。因此,要全面了解煤岩的力学特性,则需进行不同受力状态下的力学实验。然而,目前还鲜见含瓦斯煤岩在剪切应力状态下力学特性的相关研究报道。

究其原因,试验装置是一大制约因素。从现有的试验装置来看,还没有一种能够实现剪切应力状态与细观观测相结合的试验测试系统用以进行含瓦斯煤岩剪切应力状态下力学特性及其微裂纹开裂扩展动态演化规律方面的研究。

基于以上分析,本章在重庆大学西南资源开发及环境灾害控制工程教育部重点实验室的支持下,自主研发了一种含瓦斯煤岩细观剪切试验装置。

### 4.2.2　剪切装置的技术方案

含瓦斯煤岩细观剪切试验装置主要由主体结构、加载系统、瓦斯充气系统、裂纹观测系统和声发射监测系统组成。其总体结构及实物如图 4.1 所示。

1）主体结构

试验装置主体结构主要由试验本体、前盖、后盖、试件固定座、水平加载系统支座等部分组成。其中,试验本体上开有试验腔,试件固定座置于试验腔内,试验腔通过前盖和后盖进行密封,形成封闭腔体,以满足充瓦斯的试验需要。其具体结构示意图如图 4.2 所示。

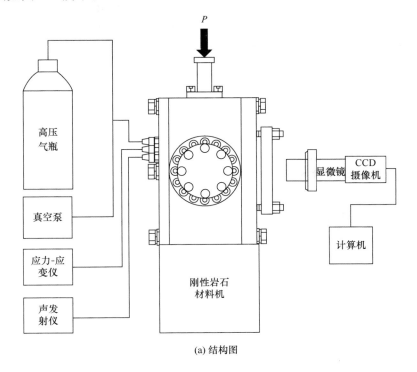

(a) 结构图

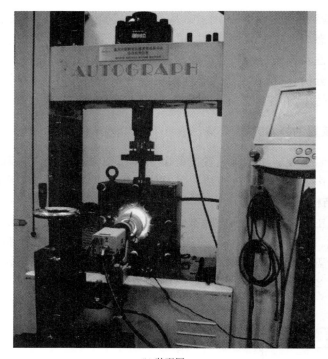

(b) 装配图

图 4.1　细观剪切试验装置

Fig. 4.1　Meso-shear mechanical test equipment

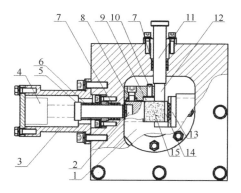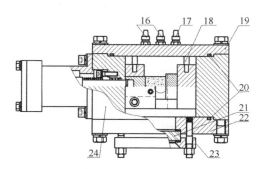

1—试件固定座；2—压力传感器；3—水平加载系统支座；4—千斤顶；5—水平压轴；6—弹簧；7—YX 型密封圈；8—水平压轴定位压板；9—可调限位压板；10—紧定螺钉；11—垂直压轴；12—过渡压头；13—减摩定位挡板；14—垫板；15—试件；16—测量导线接头；17—进出气孔；18—限位销；19—后盖；20—O 形密封圈；21—透明视镜；22—前盖；23—视镜压板；24—试验本体

图 4.2　主体结构示意图

Fig. 4.2　Sketch of the main structure

　　试验时,煤样试件装配在试件固定座上,如图 4.3 所示。该试件固定座的底部开设有宽×高为 20mm×10mm 的凹形缺口,形成剪切位移空间,该凹形缺口正对垂向过渡压头。考虑到试件尺寸的差异性,在非受剪应力作用一侧设计了可调限位压板,该压板可根据试件的尺寸进行自由调节。在受剪应力作用一侧设置有定位挡板,为减小试件与挡板间的摩擦力,在该挡板上镶嵌有三排活动滚柱,如图 4.4 所示。以上设计使得本装置可进行多种形式的剪切试验,既可进行限制性剪切也可进行非限制性剪切试验,既可进行含瓦斯煤岩的剪切细观力学试验也可进行不含瓦斯煤岩的剪切细观力学试验。试件的安装、调试及拆卸更为方便。

図 4.3　固定座

Fig. 4.3　Permanent seat

図 4.4　减摩定位挡板

Fig. 4.4　Antifriction position limitation plate

　　为便于对含瓦斯煤岩在受剪过程中微裂纹演化过程进行观测,在前盖上固定有圆形透明视镜。考虑到透明视镜在保证较好的观测效果时,还需承受试验腔内的瓦斯压力,本书选取了强度较高的厚 20mm 钢化玻璃作为透明视镜的制作材料,视窗直径为 80mm。经测试,该透明视镜承受的最大瓦斯压力达到 3.0MPa。

　　后盖上开设有进出气孔,该孔与瓦斯充气系统连接,实现对试验腔内充气和放气。同时,在后盖上还装配有带测量导线接头的螺栓,声发射探头、应变片、应力传感器等通过测量导线与试验装置主体外的声发射监测系统、应力-应变仪等连接,实现了对含瓦斯煤岩在剪切破坏过程中的数据监测。

　　本装置的气密性是设计过程中的一个技术重点和难点。为此,考虑前盖和后盖与试验本体间均采用 O 形密封圈进行密封;垂向压轴和水平压轴与试验本体间则通过两个 YX 型密封圈构成的组合密封件进行密封,较好地解决了抽真空时外界气体容易流向试验腔,而充气时试验腔气体容易向外泄漏的难题,保证了煤样达到充分吸附瓦斯状态。

2) 加载系统

加载系统由水平加载系统和垂直加载系统两部分构成。水平加载系统实现对法向应力的加载,垂直加载系统实现对剪应力的加载。

水平加载系统包括液压千斤顶、荷载传感器、水平压轴和压头等部分,各部分均装配在水平加载系统支座内。值得一提的是,在水平压轴的两侧分别设计了小弹簧,实现了压头的自动复位。试验中,法向应力通过液压千斤顶施加,由荷载传感器监测其大小,最大设计法向荷载为 100kN。

垂直加载系统包括刚性试验机、垂向压轴和压头。刚性试验机的控制方式包括应力控制和应变控制,试验时一般采用应变控制方式,通过对试件施加剪切位移而完成剪切试验过程。最大设计垂直剪切荷载可达 250kN,可以实现对试样的匀速剪切,剪切速率可以根据试验需要进行调整。

3) 瓦斯充气系统

瓦斯充气系统主要由高压气瓶、压力表、减压阀、高压气管、三通阀、真空泵和胶管等组成。三通阀通过高压气管与后盖的进出气孔连接,气路被三通阀分为两个支路:一条支路通过胶管连接真空表、真空泵,另一条支路通过高压气管连接压力表、减压阀和高压气瓶。

试验时,需先对试验腔抽真空,去除煤岩试件空隙中的杂质气体,使其达到良好的瓦斯吸附效果。真空泵可以进行长时间工作,并达到较高的真空度。抽完真空后,关闭该支路阀门,打开高压气瓶向试验腔充入一定压力的瓦斯气体,使试件进行充分吸附 48h 后再进行试验。

4) 裂纹观测系统

裂纹观测系统主要由三维移动显微观测架、体视显微镜、CCD(charge-coupled device)摄像机和计算机分析软件等组成,如图 4.5 所示。体视显微镜和 CCD 摄像机均安装在三维移动显微观测架上,三维移动显微观测架放置在透明视镜正前方,CCD 摄像机通过视频采集卡与计算机连接。

裂纹观测系统具有监测试件表面细观结构演化的功能,可完整地记录试件在剪切荷载作用下裂纹的开裂、扩展直至形成宏观断裂的演化全过程,为深入研究煤与瓦斯突出细观机理提供了可靠的监测手段。

5) 声发射监测系统

声发射监测系统采用美国声学物理公司 PAC(Physical Acoustic Corporation)生产的 PCI-2 型声发射系统,主要由声发射探头、信号放大器、声发射卡和声发射采集分析软件组成,如图 4.6 所示。该系统最大限度地降低了采集噪声,具有超快处理速度、低噪声、低门槛值和可靠的稳定性等技术特点,实现对声发射信号实时采集的同时还可对波形信号进行实时采集和存储。利用该系统可实现对含瓦斯煤岩在剪切荷载作用下由于能量释放而产生的声发射信号进行实时监测,为分析裂纹演化的宏细观规律提供依据。

图 4.5　裂纹观测装置

Fig. 4. 5　Cracks observation system

图 4.6　声发射系统

Fig. 4. 6　AE testing system

### 4.2.3　剪切装置的技术指标及优点

本含瓦斯煤岩细观剪切试验装置主要用于进行不同应力、不同瓦斯压力条件下的含瓦斯煤岩剪切破坏过程试验。同时通过裂纹观测装置、声发射仪等技术监测手段,对不同应力、不同瓦斯压力耦合作用下的煤岩剪切破坏过程中微裂纹的产生、扩展直至断裂的动态过程实时观测,以分析含瓦斯煤岩抗剪性能的宏细观演化规律,为从细观的角度探讨煤与瓦斯突出发生机理和进行煤与瓦斯突出预测预防提供理论基础。

1）主要技术参数

（1）最大切向荷载:250kN;切向荷载测量精度:±0.5%。

（2）最大法向荷载:100kN;法向荷载测量精度:±0.5%。

（3）最大瓦斯压力:3.0MPa。

（4）切向变形测量范围:0～10mm;变形测试精度:示值的±1%。

（5）变形速率:0.0005～1000mm/min。

（6）试样尺寸:40mm×40mm×40mm。

（7）体视显微镜放大倍率:7～180 倍。

（8）显微镜视场范围:30.77～4.44mm。

（9）真空泵抽气速率:3.6m³/h。

（10）真空泵极限压力:5Pa。

（11）声发射频率范围:3～3000kHz。

（12）声发射信号幅度:17～100dB。

（13）声发射采集频率：40MHz。

（14）加载控制方式：力控制、位移控制。

（15）该装置总体刚度大于 10GN/m。

2）装置的主要优势

与现有剪切试验装置相比，本装置具有以下优点：

（1）本装置可进行流固耦合作用下含瓦斯煤岩及岩石类材料的剪切力学试验，特别是为瓦斯压力作用下煤岩剪切细观力学试验提供了更为可靠的试验手段，为从细观角度研究煤与瓦斯突出发生机理提供了新的试验方法。

（2）本装置可进行多种形式的试验。本装置对试件夹具和侧向限位装置进行了灵活的设计，既可进行限制性剪切试验也可进行非限制性剪切试验，既可进行含瓦斯煤岩的剪切细观力学试验也可进行不含瓦斯煤岩或岩石的剪切细观力学试验，试件的安装、调试及拆卸也更为方便。

（3）本装置具有良好的气密性，能够保证煤岩试件达到充分吸附瓦斯状态。考虑到充气和抽真空对密封性的不同要求，本装置的垂向压轴和侧向压轴与试验本体间均采用 O 形密封圈和两个 YX 型密封圈构成的组合密封件进行密封，前盖和后盖与试验本体间采用 O 形密封圈进行密封，保证了装置整体的密封效果，能进行不同瓦斯压力作用下的剪切细观力学试验，使试验研究条件更加接近现场实际。

（4）本装置的测试手段多样化。本装置在试验过程中通过压力试验机记录剪切应力应变曲线，通过裂纹观测系统进行试验过程中裂纹发展的实时显微图像观测及采集，通过声发射系统进行试件内部损伤的声发射信号的采集，为从细观角度研究煤与瓦斯突出发生机理提供了全方位的研究参数。

（5）本装置整体设计上具有结构简单、加工成本低、可靠性好、操作方便等特点。本装置在满足试验要求的前提下，对各部件的尺寸进行了优化，既满足了结构上的简单化，同时也大大降低了加工成本。从对前期砂岩试件的试验结果来看，装置的可靠性高，操作上也方便。

## 4.2.4　剪切实验操作方法

在含瓦斯煤岩剪切试验中，按照下列步骤进行操作：

（1）试件安装。将试件固定座从试验腔中取出，将试件放在试件固定座中部，试件的二分之一正对凹形缺口，其侧面靠在定位减摩挡板上，另二分之一用定位压板夹持，并紧好定位螺杆，将垂向过渡压头置于正对凹形缺口的试件之上。

（2）装机。将试验本体放置于压力试验机加载台上，并根据裂纹观测系统的观测方向调整好位置，使垂向压轴与试验机加载头处于同一中心线上；把固定座放入试验腔内，将垂向压轴和水平压轴分别与垂向过渡压头和侧向过渡压头接触好，用压力试验机和液压油泵分别给垂向压轴和水平压轴施加一定的预紧力;安装前、后盖将试验腔密封;连接好瓦斯充气系统及裂纹观测系统,并检查各系统工作是否正常。

(3) 真空脱气。检查试验腔的气密性,打开三通阀门,用真空泵进行脱气,脱气时间一般 2～3h,以保证良好的脱气效果。

(4) 充气及吸附平衡。脱气后,关闭三通阀门,调节高压甲烷钢瓶的减压阀门,施加预定的瓦斯压力,向试验腔内充气,充气时间为 48h,使煤样达到充分吸附平衡。

(5) 进行试验。开启岛津材料试验机和各测量系统,采用位移加载控制方式,按照预定的剪切速率进行加载。通过压力试验机系统记录剪切力和剪切位移;通过裂纹观测系统观测裂纹的发展并捕捉图片。

# 4.3　含瓦斯煤岩剪切力学特性试验

## 4.3.1　试件制作

试验所用煤样取自山西晋城无烟煤业集团有限责任公司下属赵庄矿 $3^{\#}$ 煤层 13063 巷道 1000m 及 1200m 处,具体的煤样制作方法如下。

原煤:将从现场取来的原始煤块切割成立方体方块,用磨床将切割出的煤块小心仔细地打磨成 40mm×40mm×30mm 的原煤煤样,然后用细砂纸对其六个面进行抛光处理,制作好的部分原煤试件如图 4.7(a)所示。将加工好的煤样试件置于温度恒定在 80℃下的烘箱内烘 24h,烘干后的试件置于干燥箱内存放,以备试验时用。

(a) 原煤试件

(b) 部分型煤试件

图 4.7　试验煤样

Fig. 4.7　The coal samples

型煤:将所取原始煤块用粉碎机粉碎,通过振动筛筛选煤粒粒径为 60～80 目的煤粉颗粒,在筛选出的煤粉中加入少量纯净水,搅拌均匀后装入成型模具中,在 200t 材料试验机上以 100MPa 的成型压力稳定 20min 压制成 40mm×40mm×40mm 的煤样,制作好的部分型煤试件如图 4.7(b)所示。将加工好的煤样试件置于温度恒定在 80℃下的烘箱内烘 24h,烘干后的试件置于干燥箱内存放,以备试验时用。

### 4.3.2　试验方法

按照 4.2.4 小节中的试验操作方法,利用自主研发的含瓦斯煤岩细观剪切试验装置分别对不同瓦斯压力(0MPa、0.5MPa、1.0MPa、2.0MPa)、不同剪切速率(0.005mm/min、0.010mm/min、0.500mm/min)和不同法向应力(0MPa、2MPa、4MPa)条件下的含瓦斯煤岩进行剪切试验,得到剪切力-剪切位移关系曲线及剪切面裂纹的动态细观演化图像。

### 4.3.3　试验结果

采用上述试验方法对含瓦斯型煤(XM)及原煤(YM)分别进行不同瓦斯压力、不同剪切速率及不同法向应力条件下的剪切力学特性试验,试验结果如表 4.1 所示。

表 4.1　含瓦斯煤岩剪切试验结果

Table 4.1　The direct shear experimental results of gas-saturated coal specimens

| 类型 | 编号 | 剪切面面积 /mm² | 瓦斯压力 /MPa | 剪切速率 /(mm/min) | 法向应力 /MPa | 最大剪切力 /kN | 抗剪强度 /MPa |
|---|---|---|---|---|---|---|---|
| 型煤 | XM-1 | 1668.60 | 0 | | | 0.63 | 0.38 |
| | XM-2 | 1722.21 | 0.5 | 0.010 | | 0.58 | 0.34 |
| | XM-3 | 1660.26 | 1.0 | | | 0.61 | 0.37 |
| | XM-4 | 1635.48 | 2.0 | | 0 | 0.64 | 0.39 |
| | XM-5 | 1676.84 | | 0.005 | | 0.69 | 0.41 |
| | XM-3 | 1660.26 | 1.0 | 0.010 | | 0.61 | 0.37 |
| | XM-6 | 1672.72 | | 0.500 | | 0.33 | 0.20 |
| | XM-3 | 1660.26 | | | 0 | 0.61 | 0.37 |
| | XM-7 | 1713.92 | 1.0 | 0.010 | 2 | 2.04 | 1.19 |
| | XM-8 | 1672.72 | | | 4 | 2.20 | 1.32 |
| 原煤 | YM-1 | 1221.09 | 0 | | | 2.99 | 2.45 |
| | YM-2 | 1234.24 | 0.5 | 0.010 | | 2.49 | 2.02 |
| | YM-3 | 1214.04 | 1.0 | | | 2.64 | 2.17 |
| | YM-4 | 1197.96 | 2.0 | | 0 | 4.69 | 3.91 |

续表

| 类型 | 编号 | 剪切面面积 /mm² | 瓦斯压力 /MPa | 剪切速率 /(mm/min) | 法向应力 /MPa | 最大剪切力 /kN | 抗剪强度 /MPa |
|---|---|---|---|---|---|---|---|
|  | YM-5 | 1198.99 |  | 0.005 |  | 3.54 | 2.95 |
|  | YM-3 | 1214.04 | 1.0 | 0.010 |  | 2.64 | 2.17 |
| 原煤 | YM-6 | 1233.18 |  | 0.500 |  | 1.31 | 1.06 |
|  | YM-7 | 1248.36 |  |  | 0 | 3.72 | 2.98 |
|  | YM-8 | 1231.07 | 1.0 | 0.010 | 2 | 4.80 | 3.90 |
|  | YM-9 | 1201.29 |  |  | 4 | 9.71 | 8.08 |

　　此外,还记录了全过程的剪切力-剪切位移曲线,以及剪切面裂纹的开裂、扩展细观演化图像。部分试件的剪切力-剪切位移曲线及最终断裂时剪切面裂纹细观图像如图 4.8 所示。

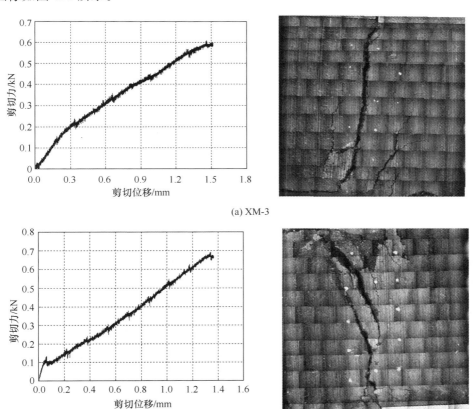

(a) XM-3

(b) XM-5

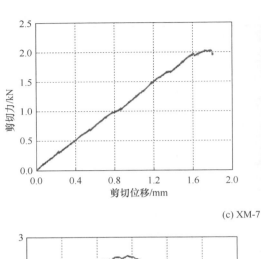
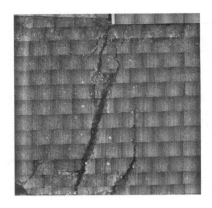

(c) XM-7

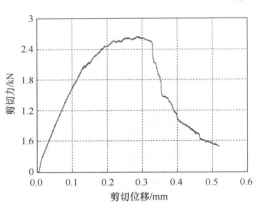
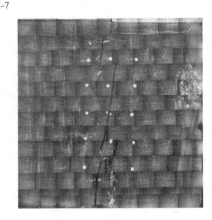

(d) YM-3

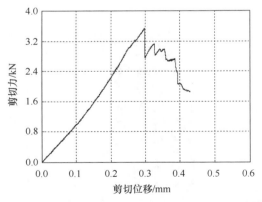
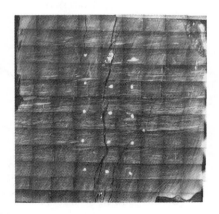

(e) YM-5

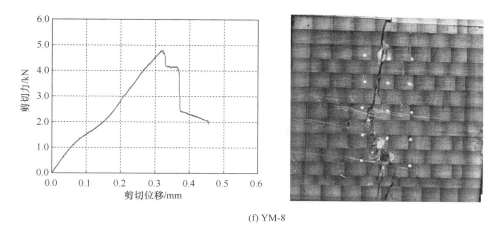

(f) YM-8

图 4.8　含瓦斯煤岩剪应力-剪切位移关系曲线及细观破坏图像

Fig. 4. 8　Shear loading-displacement curves and the pattern of meso-cracks in coal samples

## 4.4　含瓦斯煤岩抗剪力学性能及其剪切破坏损伤演化过程

### 4.4.1　含瓦斯煤岩抗剪力学性能

1) 瓦斯压力对含瓦斯煤岩剪切力学特性的影响

含瓦斯煤岩在不同瓦斯压力下的剪切力-剪切位移关系曲线如图 4.9 所示。值得说明的是,本书中的剪切力均为有效剪切力。从图 4.9 可以看出,随着瓦斯压力的增大,含瓦斯煤岩剪切变形曲线的斜率越来越大,且达到剪断时的最大剪切力也越来越大,但不含瓦斯的煤样除外,其达到剪断时的最大剪切力介于 1.0MPa 和 2.0MPa 的煤样之间。转换到抗剪强度上来(见图 4.10),也有含瓦斯煤岩的抗剪强度随着瓦斯压力的增大而增大,同样,不含瓦斯煤样的抗剪强度介于 1.0MPa 和 2.0MPa 下的煤样抗剪强度之间。

含瓦斯煤岩的抗剪强度是指含瓦斯煤岩抵抗剪切破坏的能力,可用含有力学参数 $c$ 和 $\varphi$ 的函数关系表示。依据库仑定律,在剪切试验中,抗剪强度与法向应力近似呈线性关系,可表示如下:

$$\tau = \sigma_n \tan\varphi + c \tag{4.1}$$

式中,$\sigma_n$ 为法向应力;$\tau$ 为抗剪强度;$c$ 为黏聚力;$\varphi$ 为内摩擦角。

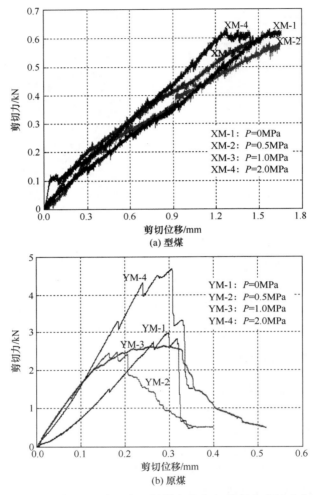

图 4.9　不同瓦斯压力下含瓦斯煤岩剪应力-剪切位移关系曲线

Fig. 4.9　Shear loading-displacement curves of coal samples with different gas pressure

　　在三轴压缩试验中,瓦斯压力的增大往往降低煤岩的强度[45],然而本组试验中煤岩的抗剪强度却随着瓦斯压力的增大而增大,这是由于本书试验中的煤样处于瓦斯压力环境中,相当于给煤样试件施加了一定的正应力,而瓦斯压力越大,正应力也就越大。据式(4.1)分析可知,正应力的增加将使含瓦斯煤岩的抗剪强度增加。同时因为煤对瓦斯具有吸附作用,吸附瓦斯后的煤样其内部结构发生了改变,而这也正是不含瓦斯煤岩的抗剪强度高于部分含瓦斯煤岩抗剪强度的原因。由此可见,排除瓦斯压力的正应力效应,其对煤岩抗剪强度的影响实际上是具有弱化作用,瓦斯压力越大,煤岩吸附瓦斯量越多,对孔裂隙的楔开作用也越强,引起抗剪强度降低。当然,其中机理还有待于后续进一步进行相关试验研究。

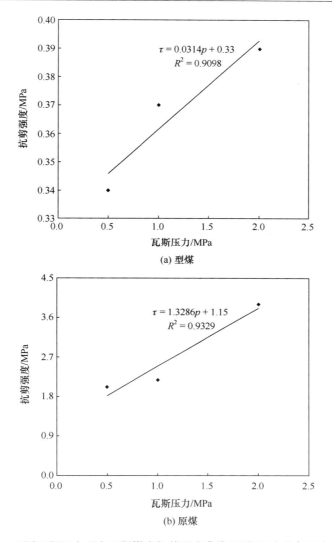

图 4.10　不同瓦斯压力下含瓦斯煤岩抗剪强度曲线（瓦斯压力具备正应力效应）

Fig. 4.10　Curves of shear strength for coal sample with different gas pressure

　　此外，对比型煤与原煤来看，型煤剪断破坏后基本已经失去承载能力，而原煤峰后还具有一定的承载能力，且随着瓦斯压力增大，该剪切残余强度也越高。在瓦斯压力相同的情况下，原煤的抗剪强度均高于型煤。这是因为型煤是二次成型试样，煤颗粒之间的黏聚力小于原煤的黏聚力，在剪断瞬间，即失去抗剪能力，而原煤在瓦斯压力的正应力效应下则还存有一定的承载能力。从细观上讲，在第 2 章的分析中我们知道型煤的孔隙率要大于原煤，其吸附瓦斯的量必然要比原煤多，因此瓦斯对型煤力学参数 $c$ 和 $\varphi$ 的弱化作用要强于原煤。

　　图 4.11 为各瓦斯压力下含瓦斯煤岩剪断时的破坏形态。由图可以看出,瓦斯压力越大,含瓦斯煤岩剪切面裂纹宽度越小,这也体现了瓦斯压力的正应力效应。同时,在相同瓦斯压力条件下,型煤的剪切面裂纹宽度要大于原煤。

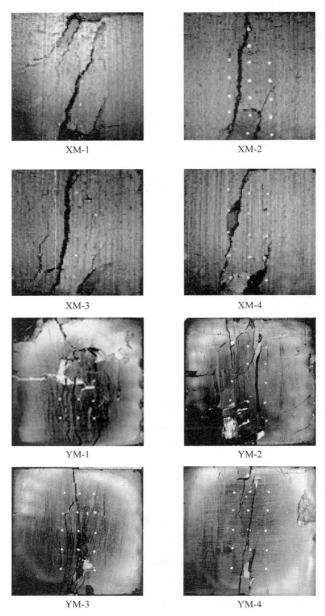

图 4.11　不同瓦斯压力下含瓦斯煤岩剪切试样破坏形态

Fig. 4.11　Failure pattern pictures of coal samples in direct shear test with different gas pressure

2）剪切速率对含瓦斯煤岩剪切力学特性的影响

含瓦斯煤岩在不同剪切速率下的剪切力-剪切位移关系曲线如图 4.12 所示。由图可看到，在瓦斯压力及法向应力恒定的条件下，含瓦斯型煤及原煤的抗剪强度随着剪切速率的增加均具有较明显的减小趋势，当剪切速率从 0.005mm/min 增加到 0.500mm/min 时，含瓦斯型煤抗剪强度减小约 51.2%，含瓦斯原煤抗剪强度减小约 64.1%。图 4.13 为含瓦斯煤岩抗剪强度与剪切速率关系曲线。由图可知，含瓦斯煤岩抗剪强度与剪切速率关系呈现较明显的幂函数衰减，其拟合关系方程可表示为

$$\tau = aV_\tau^b \tag{4.2}$$

式中，$\tau$ 为含瓦斯煤岩抗剪强度；$V_\tau$ 为剪切速率；$a$、$b$ 均为拟合参数。

从图 4.13 中还可以看出，在剪切速率较低的情况下，含瓦斯煤岩抗剪强度随剪切速率增大而减小的幅度较大，但当剪切速率增大到一定值时，含瓦斯煤岩抗剪强度随剪切速率增大而减小的幅度趋于平缓。可见剪切速率对含瓦斯煤岩抗剪强度影响存在一个临界值，当剪切速率小于该值时，含瓦斯煤岩抗剪强度随剪切速率增大而呈幂函数衰减；当剪切速率大于该值时，剪切速率对含瓦斯煤岩抗剪强度基本不存在影响。

分析剪切速率对含瓦斯煤岩抗剪强度的影响，本书认为，随着剪切速率增大，剪切面上煤颗粒之间不能充分的接触，力在颗粒之间的传递时间短，煤粉颗粒之间的摩擦不能充分建立，煤岩宏观抗剪强度得不到充分的发挥，因此，其抗剪强度随之衰减。这从煤岩最终破坏形态上也可以得到印证。图 4.14 给出了不同剪切速率下含瓦斯煤岩剪断时的破坏形态。由图可以看出，剪切速率越大，含瓦斯煤岩剪切面裂纹宽度也越大，剪切面颗粒接触的程度越差，破坏的程度越高。此外，在相同剪切速率条件下，仍然有型煤的剪切面裂纹宽度大于原煤。

3）法向应力对含瓦斯煤岩剪切力学特性的影响

含瓦斯煤岩在不同法向应力下的剪切力-剪切位移关系曲线如图 4.15 所示。由图可看到，在瓦斯压力及剪切速率恒定的条件下，含瓦斯煤岩剪切变形速率随着法向应力的增大而减小。此外，含瓦斯型煤及原煤的抗剪强度随着法向应力的增加均具有较明显的增大趋势，当法向应力从 0MPa 增加到 2.0MPa 时，含瓦斯型煤抗剪强度增大幅度约 221.6%，含瓦斯原煤抗剪强度增大幅度约 30.9%；当法向应力从 2.0MPa 增加到 4.0MPa 时，含瓦斯型煤抗剪强度增大幅度约 10.9%，含瓦斯原煤抗剪强度增大幅度约 107.2%。

依据库仑准则式（4.1）可知，在瓦斯压力及剪切速率一定的条件下，含瓦斯煤岩抗剪强度与法向应力呈线性关系，并据不同法向应力下的剪切试验结果可拟合求取抗剪力学参数 $c$ 和 $\varphi$。依据本组试验结果，含瓦斯煤岩抗剪强度与法向应力关系曲线如图 4.16 所示。值得说明的是，图中的法向应力为有效法向应力，即

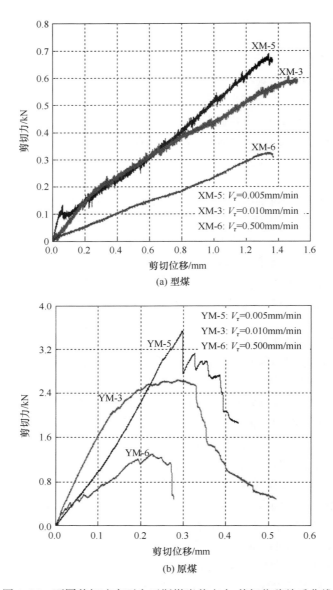

图 4.12　不同剪切速率下含瓦斯煤岩剪应力-剪切位移关系曲线

Fig. 4.12　Shear loading-displacement curves of coal samples with different shearing velocities

$$\sigma_n' = \sigma_n - p \tag{4.3}$$

式中，$\sigma_n'$ 为有效法向应力；$\sigma_n$ 为施加的法向应力；$p$ 为瓦斯压力。

　　通过图 4.16 中的拟合关系可求得该组试验中含瓦斯型煤试样的 $c$ 为 0.5857MPa，$\varphi$ 为 15.67°，含瓦斯原煤试样的 $c$ 为 2.6457MPa，$\varphi$ 为 60.33°。

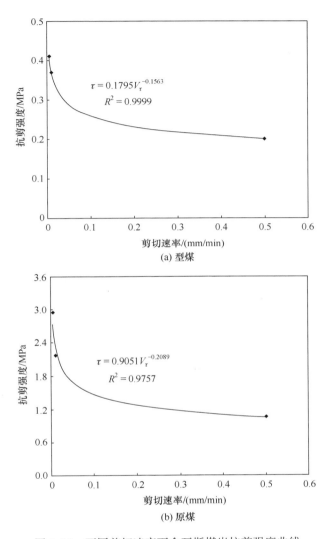

图 4.13　不同剪切速率下含瓦斯煤岩抗剪强度曲线

Fig. 4.13　Curves of shear strength for coal sample with different shearing velocities

图 4.17 给出了不同法向应力下含瓦斯煤岩剪断时的破坏形态。由图可以看出,法向应力越大,含瓦斯煤岩剪切面裂纹宽度越小,因此剪切面颗粒接触的程度也越好,使得剪切面上的摩擦力越大,表现为含瓦斯煤岩抗剪强度随着法向应力的增大而增大。此外,在法向应力的作用下产生一定的法向位移,且法向应力越大,法向位移也越大,表现为法向应力越大,观测面破坏程度越高。

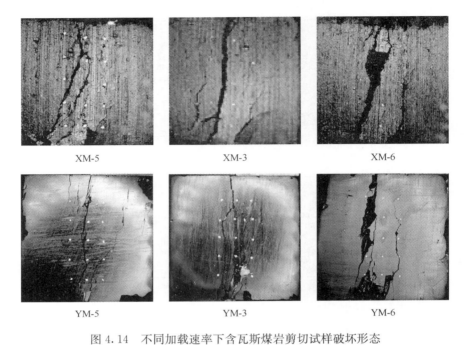

XM-5　　　　　　　　XM-3　　　　　　　　XM-6

YM-5　　　　　　　　YM-3　　　　　　　　YM-6

图 4.14　不同加载速率下含瓦斯煤岩剪切试样破坏形态

Fig. 4.14　Failure pattern pictures of coal samples in direct shear test
with different shearing velocities

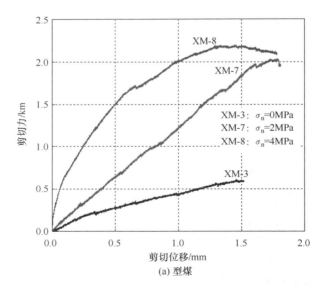

(a) 型煤

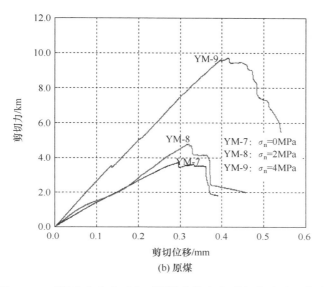

(b) 原煤

图 4.15　不同法向应力下含瓦斯煤岩剪应力-剪切位移关系曲线

Fig. 4.15　Shear loading-displacement curves of coal

samples with different normal stresses

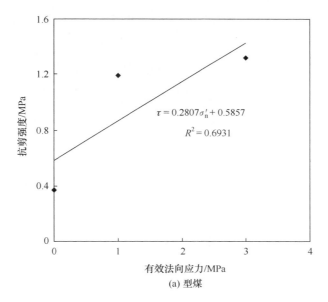

(a) 型煤

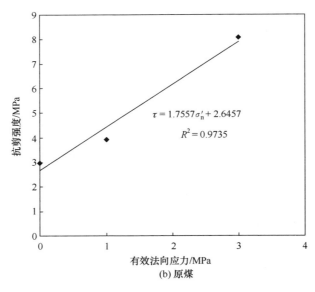

$$\tau = 1.7557\sigma'_n + 2.6457$$

$$R^2 = 0.9735$$

(b) 原煤

图 4.16　不同法向应力下含瓦斯煤岩抗剪强度曲线

Fig. 4.16　Curves of shear strength for coal sample with different normal stresses

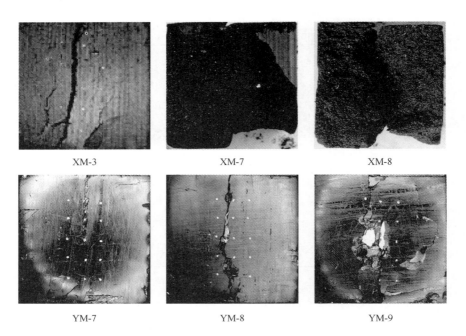

图 4.17　不同法向应力下含瓦斯煤岩剪断破坏形态

Fig. 4.17　Failure pattern pictures of coal samples in direct shear test

with different normal stresses

### 4.4.2　含瓦斯煤岩剪切过程中细观裂纹演化分析

在细观力学研究中,材料在荷载作用下其内部结构损伤变化是其关注的一个重要方面。因此,本节将结合试验过程中用高倍率摄影机采集到的观测面表观裂纹演化图像对含瓦斯煤岩剪切过程中的结构损伤进行分析。细观力学所研究对象的尺度依据分析技术可以从几个到十几个埃(Å)至毫米(mm)尺度[206]。而依据本书的裂纹观测技术手段,研究尺度在毫米级,属于细观范畴。

为了能够更好地分析裂纹的演化趋势,本书借助绘声绘影视频处理软件对拍摄的视频进行处理。将视频文件导入绘声绘影软件,对视频文件按场景进行分割,即对视频文件按照帧内容进行扫描,将场景作为多个素材打开到时间轴,这样视频文件就被分割以帧为单位的多个素材,分割后,时长 1s 的视频文件就被分割成 24 帧,即 2 张时间上连续的图片之间的间隔为 1/24s,这大大提高了截取分析图像的精度。

通过以上截图方法,对瓦斯压力分别为 0MPa、0.5MPa、1.0MPa 及 2.0MPa 条件下的型煤试样(XM-1、XM-2、XM-3、XM-4)和法向应力分别为 0MPa、2.0MPa 及 4.0MPa 条件下的原煤试样(YM-7、YM-8、YM-9)进行观测面裂纹演化分析。截取的图像如图 4.18 所示。

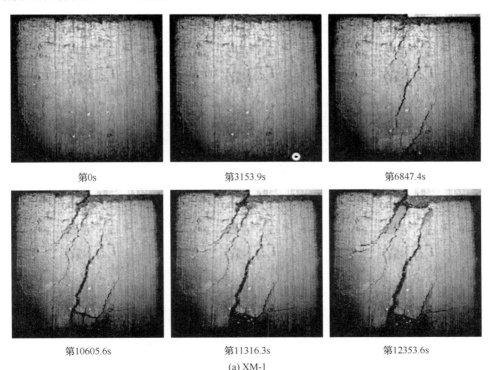

第0s　　　　　　　第3153.9s　　　　　　　第6847.4s

第10605.6s　　　　　　第11316.3s　　　　　　第12353.6s

(a) XM-1

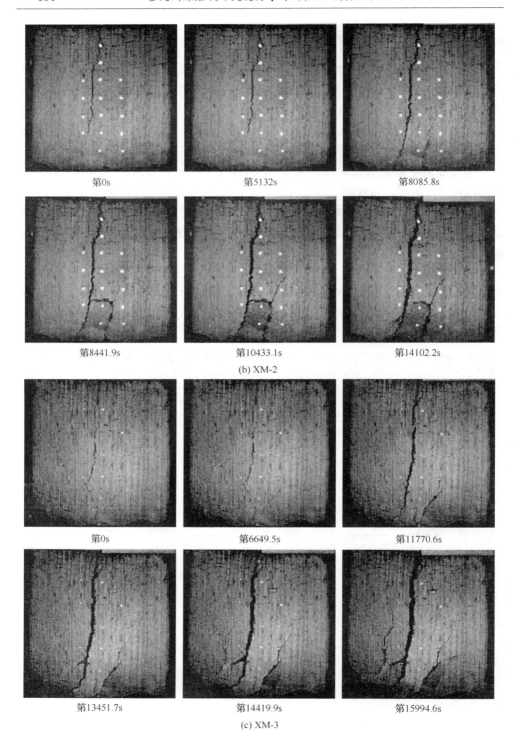

第0s　　　　　　　　　　第5132s　　　　　　　　　　第8085.8s

第8441.9s　　　　　　　　第10433.1s　　　　　　　　第14102.2s

(b) XM-2

第0s　　　　　　　　　　第6649.5s　　　　　　　　　第11770.6s

第13451.7s　　　　　　　　第14419.9s　　　　　　　　第15994.6s

(c) XM-3

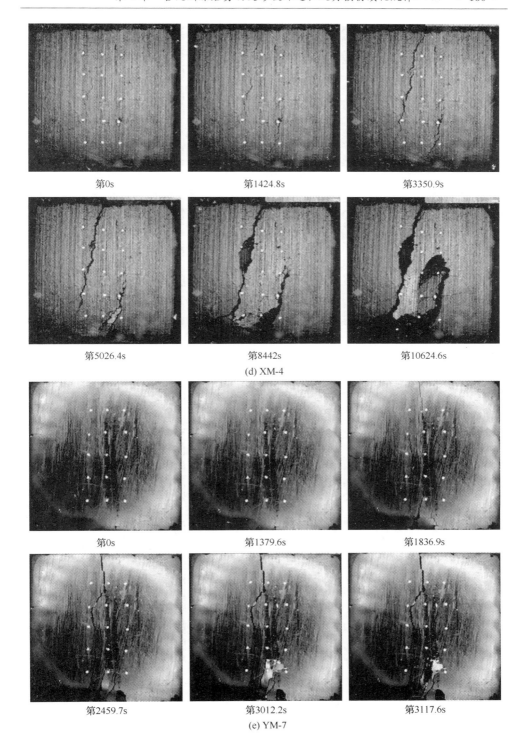

第0s　　　　　　　　第1424.8s　　　　　　　第3350.9s

第5026.4s　　　　　　　第8442s　　　　　　　第10624.6s

(d) XM-4

第0s　　　　　　　　第1379.6s　　　　　　　第1836.9s

第2459.7s　　　　　　　第3012.2s　　　　　　　第3117.6s

(e) YM-7

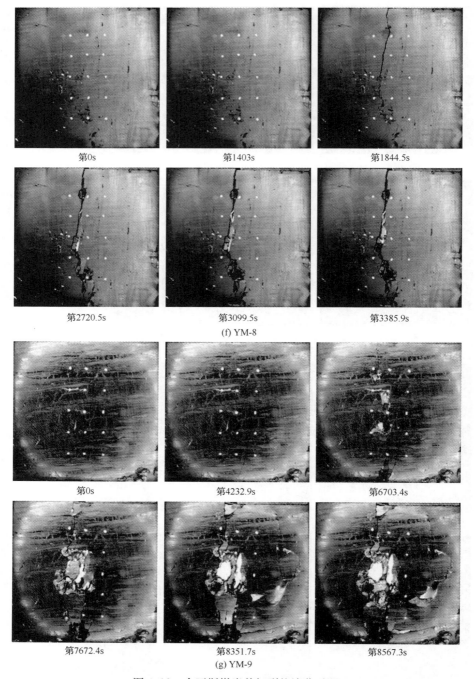

第0s　　　　　　　　　　第1403s　　　　　　　　　第1844.5s

第2720.5s　　　　　　　　第3099.5s　　　　　　　　第3385.9s

(f) YM-8

第0s　　　　　　　　　　第4232.9s　　　　　　　　第6703.4s

第7672.4s　　　　　　　　第8351.7s　　　　　　　　第8567.3s

(g) YM-9

图 4.18　含瓦斯煤岩剪切裂纹演化过程

Fig. 4.18　Formation process of crack in coal containing gas samples

图 4.18 显示了含瓦斯煤岩剪切过程中观测面裂纹随时间的演化规律。从图上来看,大部分煤岩裂纹首先出现在剪切面两端部,随着剪应力的增加,裂纹向中部扩展,当剪应力达到一定程度时,裂纹贯通形成破坏面。值得说明的是,由于型煤强度较低,XM-2、XM-3 及 XM-4 三个试样在吸附及预加应力过程中,在剪切面中部已形成一定的裂纹,因此,相当于对预制裂纹试样的剪切,其裂纹扩展是从已有裂纹的端部开始向两端发展,贯通后形成破坏。此外,由于煤样试件非均匀性的影响,微破裂在试样中部的分布并非完全对称,而是在试样左侧的发展较快,造成了较明显的微破裂局部化现象,剪切破裂面扩展呈现偏离中部的趋势,与切向夹角约为 $5° \sim 10°$。

通过对含瓦斯煤岩裂纹扩展过程的动态细观观测,图 4.19 标识出了部分含瓦斯煤岩细观裂纹的起裂部位、扩展方向、分叉部位及裂纹尖端形态。

(a) XM-1

(b) XM-3

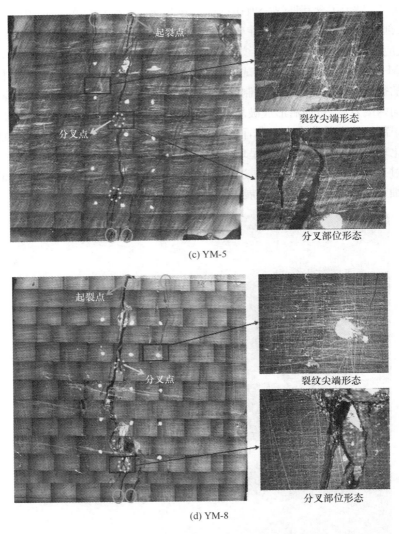

图 4.19　含瓦斯煤岩剪切裂纹细观扩展形态

Fig. 4.19　The pattern of meso-cracks expand in coal samples

　　含瓦斯煤岩内部细观裂纹不断演化的过程即引起宏观上的剪切变形,从图 4.9、图 4.12 及图 4.15 中可看出,含瓦斯煤岩剪切变形过程均具有较明显的阶段性。因此,本书相对应地将裂纹演化过程概括为裂纹起裂前阶段(Ⅰ)、裂纹稳定扩展阶段(Ⅱ)、裂纹非稳定扩展阶段(Ⅲ)、剪切断裂(Ⅳ)及裂纹摩擦阶段(Ⅴ)五个阶段。其中,型煤试样剪断后的摩擦阶段不明显,而原煤试样基本都具有较完整的上述五个阶段。下面以编号为 YM-4 煤样的试验结果为例,并结合该含瓦斯煤岩剪切力-剪切位移曲线,对其各阶段内部裂纹演化过程进行分阶段论述,如图 4.20 所示。

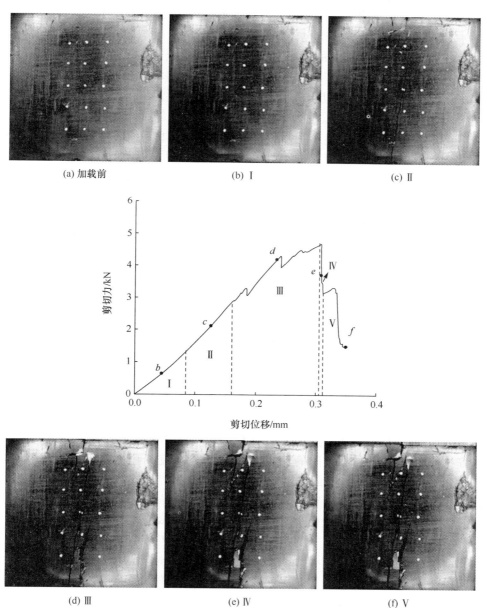

(a) 加载前　　　　　　　(b) Ⅰ　　　　　　　(c) Ⅱ

(d) Ⅲ　　　　　　　(e) Ⅳ　　　　　　　(f) Ⅴ

图 4.20　瓦斯压力 2.0MPa 下含瓦斯煤岩剪应力-剪切位移曲线与裂纹形成关系(YM-4)

Fig. 4.20　Relationship of shear loading-displacement curves and formation process of crack in coal samples with gas pressure of 2.0MPa(YM-4)

第一阶段为裂纹起裂前阶段（Ⅰ），曲线呈微向下凸。在此阶段的前期，切向应力随切向位移的增加缓慢增大，而在此阶段的后期，则切向应力随切向位移的增加迅速增大，且含瓦斯煤岩观测面出现起皱现象，但其内部还未产生张裂纹。由第2章的分析可知，原始煤样内部已经存在部分的微孔隙、微裂隙，以及节理和层理等软弱结构面，随着剪切荷载的增加，含瓦斯煤岩进入压密的过程，煤样中的部分裂隙受压闭合，因此该阶段前期曲线斜率较小，剪切位移增加较快，而剪切应力增加较缓慢。煤岩初始裂纹经过压密闭合调整后，部分裂纹已经达到开裂扩展的临界状态，随着剪切荷载的进一步增加，将进入裂纹稳定扩展阶段。

第二阶段是裂纹稳定扩展阶段（Ⅱ），曲线近似呈直线。在该阶段，切向应力随着切向位移的增加而有较快增大，含瓦斯煤岩剪切变形呈现弹性特征。这是因为初始裂纹被压密后，能够均匀地传递力了，且外部荷载已经增大到了一定的水平，部分裂纹达到开裂条件并形成稳定扩展的态势。

第三阶段是裂纹非稳定扩展阶段（Ⅲ），曲线呈微向上凸起。在该阶段，剪切力随着剪切位移的增加而增大，但增加的速度有所减小，曲线出现非线性变化，其斜率开始逐渐变小，并随着剪切位移的增加，剪切力出现了几次陡降的现象，含瓦斯煤岩剪切变形呈现出弹塑性的特点。这是因为经历裂纹稳定扩展阶段后，煤样内部出现了大量新的裂纹，而随着剪切力的不断增加，裂纹与裂纹之间逐渐扩展并贯通，为迅速形成剪切破裂面奠定了基础。

第四阶段是剪切断裂（Ⅳ），曲线近似呈直线下降。在该阶段，剪切力随着剪切位移的增加而急速减小，试件失去抗剪能力，此时宏观剪切断裂面形成，含瓦斯煤岩试样发生失稳破坏。

第五阶段是裂纹摩擦阶段（Ⅴ），曲线呈向下凸。在此阶段，切向应力先随切向位移增加而降低，后逐渐趋于一定值。值得说明的是，型煤试样的试验曲线几乎都没有出现该阶段。这是因为型煤是二次成型介质，颗粒与颗粒之间的黏结力很小，且其孔隙率远大于原煤，吸附的瓦斯含量也就较多，瓦斯压力作用的面积也就越大，因此其剪切断裂面裂纹的宽度较大，一旦剪断后，立即就失去了承载力，而原煤的颗粒胶结力较大，剪切断裂面裂纹的宽度也较小，剪断后存在一定的摩擦作用，因此还具有一定的抗剪能力，即仍具有一定的残余抗剪强度。

由以上分析可见，含瓦斯煤岩剪切变形曲线的演化过程分别对应含瓦斯煤岩剪切面裂纹扩展贯通过程中的裂纹起裂前阶段、裂纹稳定扩展阶段、裂纹非稳定扩展阶段、剪切断裂和裂纹摩擦阶段五个阶段。而结合图4.11、图4.14、图4.17及图4.18中的观测面裂纹演化过程及形态分析来看，含瓦斯煤岩的剪切破坏过程中既形成有张拉裂纹，也形成有剪切裂纹。

从力学分析来看，张拉裂纹是由于原生节理端部某一方向具有较大的拉应力，节理端部发生张拉破坏形成的；剪切裂纹是原生节理端部因发生剪切破坏并扩展形成的[207]。本书将在含瓦斯煤岩剪切破坏力学机理中对此进行详细论述。

### 4.4.3　含瓦斯煤岩剪切破坏力学机理

在剪切试验中[208]，通常假设法向应力和剪切向应力均为均匀分布，并采用名义法向应力和名义剪切应力计算其抗剪强度。对名义法向应力和名义剪切应力作如下定义：

$$\sigma_n = \frac{F_n}{A_0} \tag{4.4}$$

$$\tau = \frac{F_\tau}{A_0} \tag{4.5}$$

式中，$\sigma_n$ 表示名义法向应力；$\tau$ 表示名义切向应力；$F_n$ 表示法向力；$F_\tau$ 表示剪切力；$A_0$ 表示试件剪切面的面积。

此外，在剪切试验中还假定剪切力只在剪切平面内，且仅仅提供切向应力。然而，由于含瓦斯煤岩并非各向同性介质，在加载前，其内部已经存在有各个方向发育的细微观不连续面，因此，含瓦斯煤岩剪切试验中加载剪切荷载时除了提供切向应力外，还产生了附加效应。实际上，试验结果也证实了这一点，观测面除有剪切裂纹外还观测到了张拉裂纹。

含瓦斯煤岩剪切试验受力示意图如图 4.21 所示。由图可见，以剪切面为界，试样可分为左、右两部分。左半试样的左表面和右半试样的右表面受均布法向应力，左半试样的下表面和右半试样的上表面受均布剪切力。

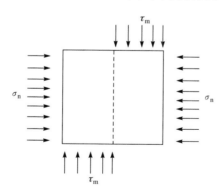

图 4.21　含瓦斯煤岩剪切受力示意图

Fig. 4.21　The drawing of shear force in coal containing gas

以含瓦斯煤岩的右下角为坐标原点，以法向为 $x$ 轴方向，向左为正，以剪切方向为 $y$ 轴，向上为正，建立坐标系，如图 4.22 所示。沿剪切方向，在剪切面内部取微元 $A$，对其进行力学分析，如图 4.23 所示。

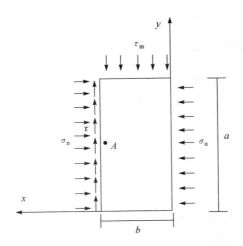

图 4.22 含瓦斯煤岩力学分析图

Fig. 4.22 Mechanical analysis of coal containing gas

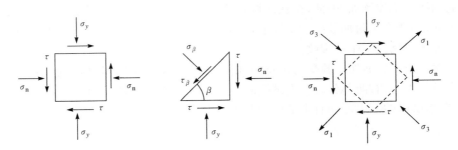

图 4.23 微元 $A$ 的应力状态

Fig. 4.23 Stress state of micro-element $A$

由于煤岩是一种多孔介质,游离瓦斯压力对煤岩受力存在一定程度的影响,在应力分析中可采用有效应力,按式(3.23)计算。为此,本书定义:

$$\sigma'_n = \sigma_n - \delta p \tag{4.6}$$

$$\tau'_m = \tau_m - \delta p \tag{4.7}$$

式中,$\sigma'_n$ 为有效法向应力;$\tau'_m$ 为有效切向应力;$p$ 为瓦斯压力;$\delta$ 为孔隙压系数。

根据剪切试验的应力分布特点,本书同样假定含瓦斯煤岩剪切面上 $A$ 点微元的应力分量 $\sigma_x$ 为均匀分布,$\sigma_y$、$\tau_{xy}$ 均为线性分布,则 $A$ 点微元各应力分量的变化规律为

$$\sigma_x = \sigma'_n \tag{4.8}$$

$$\sigma_y = -\tau'_m y/a \tag{4.9}$$

$$\tau_{xy} = \tau'_m x/a \tag{4.10}$$

在二维平面内，$A$ 点微元的平衡方程为

$$\frac{\partial \sigma_x}{\partial x}+\frac{\partial \tau_{xy}}{\partial y}=0 \tag{4.11}$$

$$\frac{\partial \sigma_y}{\partial y}+\frac{\partial \tau_{xy}}{\partial x}=0 \tag{4.12}$$

将式(4.6)、式(4.7)和式(4.8)代入式(4.9)和式(4.10)，平衡方程成立。因此，$A$ 点微元的应力分量满足平衡方程。同时，由式(4.6)、式(4.7)和式(4.8)，可得

$$x=0,\quad \tau=0$$
$$x=b,\quad \tau=\tau'_{\mathrm{m}}b/a$$
$$y=0,\quad \sigma_y=0$$
$$y=a,\quad \sigma_y=-\tau'_{\mathrm{m}}$$

因此，$A$ 点微元的应力分量也满足平衡方程的边界条件。

从图 4.23 所示的微元 $A$ 的应力状态分析可得

$$\sigma_\beta=\frac{1}{2}(\sigma'_{\mathrm{n}}+\sigma_y)+\frac{1}{2}(\sigma'_{\mathrm{n}}-\sigma_y)\cos2\beta-\tau\sin2\beta \tag{4.13}$$

$$\tau_\beta=\frac{1}{2}(\sigma'_{\mathrm{n}}-\sigma_y)\sin2\beta+\tau\cos2\beta \tag{4.14}$$

式中，$\beta$ 表示斜面与剪切面的夹角；$\sigma_\beta$ 表示在 $\beta$ 斜面上的法向应力；$\tau_\beta$ 表示在 $\beta$ 斜面上的剪应力。

将式(4.13)两边同时对 $\beta$ 求导：

$$\frac{\mathrm{d}\sigma_\beta}{\mathrm{d}\beta}=-(\sigma'_{\mathrm{n}}-\sigma_y)\sin2\beta-2\tau\cos2\beta$$

则有

$$\tan2\beta=-\frac{2\tau}{\sigma'_{\mathrm{n}}-\sigma_y} \tag{4.15}$$

$$\beta_1=\pi-\frac{1}{2}\arctan\left(\frac{2\tau}{\sigma'_{\mathrm{n}}-\sigma_y}\right) \tag{4.16}$$

$$\beta_3=\frac{\pi}{2}-\frac{1}{2}\arctan\left(\frac{2\tau}{\sigma'_{\mathrm{n}}-\sigma_y}\right) \tag{4.17}$$

式中，$\beta_1$ 表示最大主应力所在斜面与剪切面的夹角；$\beta_3$ 表示最小主应力所在斜面与剪切面的夹角。

将式(4.16)和式(4.17)分别代入式(4.13)，则有

$$\sigma_1=\frac{1}{2}\{(\sigma'_{\mathrm{n}}+\sigma_y)+[(\sigma'_{\mathrm{n}}-\sigma_y)^2+4\tau^2]^{1/2}\} \tag{4.18}$$

$$\sigma_3 = \frac{1}{2}\{(\sigma'_n + \sigma_y) - [(\sigma'_n - \sigma_y)^2 + 4\tau^2]^{1/2}\} \qquad (4.19)$$

式中，$\sigma_1$ 为最大主应力；$\sigma_3$ 为最小主应力。

在剪切力学试验过程中，含瓦斯煤岩的张拉破坏满足最大拉应力准则[209]。当最小主应力等于单轴抗拉强度时，含瓦斯煤岩内部则发生初始张拉破坏，即

$$\sigma_3 = \sigma_t \qquad (4.20)$$

式中，$\sigma_t$ 为含瓦斯煤岩的单轴抗拉强度。

将式（4.20）代入式（4.19），可得

$$\tau_2 = \sqrt{(\sigma_t - \sigma_y)(\sigma_t - \sigma'_n)} \qquad (4.21)$$

式中，$\tau_2$ 表示含瓦斯煤岩内部发生张拉破坏时的剪切强度。

而在剪切面的上端，$y = a$，$\sigma_y = \tau'_m$。当含瓦斯煤岩出现初始张拉破坏时，其初裂剪切强度为

$$\tau_3 = \sqrt{(\sigma_t - \tau'_m)(\sigma_t - \sigma'_n)} \qquad (4.22)$$

式中，$\tau_3$ 表示在含瓦斯煤岩剪切面的上端发生张拉破坏时的剪切强度。

同样，在剪切面的下端，$y = 0$，$\sigma_y = 0$。当含瓦斯煤岩出现初始张拉破坏时，其初裂剪切强度为

$$\tau_1 = \sqrt{\sigma_t(\sigma_t - \sigma'_n)} \qquad (4.23)$$

式中，$\tau_1$ 表示在含瓦斯煤岩剪切面的下端发生张拉破坏时的剪切强度。

通过以上分析可知：

$$\tau_3 < \tau_2 < \tau_1 \qquad (4.24)$$

由式（4.24）可知，在如图 4.21 所示的在剪切试验条件下，含瓦斯煤岩剪切面端部或内部发生初始张拉破坏时，在剪切面上端部对应的剪应力水平最小，内部对应的剪应力水平次之，剪切面下端部对应的剪应力水平最大。由此可知，在图 4.21 所示的含瓦斯煤岩剪切试验条件下，如果是先发生张拉破坏，则张拉破坏必然先发生在剪切面端部，形成张拉裂纹。试样右半部分首先在剪切面下端发生初始张拉破坏，试件左半部分首先在剪切面上端发生初始张拉破坏。这一理论上的张拉破坏次序与本书观测到的大多数含瓦斯煤岩剪切试验的破坏次序相吻合。

在剪切试验中，当含瓦斯煤岩内部微元某斜面上的正应力和剪应力满足莫尔-库仑准则，则发生剪切破坏，即

$$\tau_\beta = \sigma_\beta \tan\varphi + c \qquad (4.25)$$

将式（4.13）和式（4.14）代入式（4.25），则有

$$\tau_{\beta_c} = \frac{(\sigma'_n - \sigma_y)(\cos 2\beta \tan\varphi - \sin 2\beta)}{2(\cos 2\beta + \sin 2\beta \tan\varphi)} + \frac{(\sigma'_n + \sigma_y)\tan\varphi + 2c}{2(\cos 2\beta + \sin 2\beta \tan\varphi)} \qquad (4.26)$$

式中，$\tau_{\beta_c}$ 为含瓦斯煤岩发生剪切破坏时的剪切强度。

当 $\beta=0$ 时,式(4.26)即可简化为

$$\tau_c=\sigma_n' \tan\varphi+c \tag{4.27}$$

由以上分析可知,式(4.26)表示的是含瓦斯煤岩在任意方向上发生剪切破坏时的抗剪强度,而式(4.27)则表示沿剪切面方向发生剪切破坏时的抗剪强度。

## 4.5　含瓦斯煤岩剪切破坏损伤演化的分形特征

在剪应力作用下,含瓦斯煤岩剪切面裂纹开裂扩展过程是其内部损伤演化的真实记录,对含瓦斯煤岩剪切行为及其断裂机理的研究十分有效。从本书试验观测结果来看,含瓦斯煤岩剪切过程中剪切面的裂纹开裂扩展及其形态都是不规则、大小不等、方向不一的,从分形理论分析,具有自相似性,属于分形结构。而用分形理论指导材料断裂行为的测试与评价是非常有效的途径[210],因此,本节拟基于分形理论,利用含瓦斯煤岩剪切试验过程中剪切面裂纹扩展的观测结果,对含瓦斯煤岩剪切损伤的分形特征进行研究。

在本书第 2 章中对分形理论及其分形维数的求取已有论述,在此不再赘述。选取瓦斯压力分别为 0.5MPa 及 1.0MPa 下的型煤 XM-2 及 XM-3 和法向应力分别为 0MPa 及 2.0MPa 下的原煤 YM-7 及 YM-8 进行分析,采用煤样表面裂纹的分形维数计算方法对含瓦斯煤岩剪切细观力学试验中不同剪切应力水平下(即剪应力与最大剪应力之比值 $\tau/\tau_c$)的剪切面裂纹图像进行分析,得到裂纹分布的演化特征以及损伤断裂的分维值,其中 XM-2 煤样剪切面的裂纹分布特征如图 4.24 所示,其相应剪切应力水平下剪切面裂纹分布的 $\log[N(\xi)]$-$\log(\xi)$ 关系曲线和分维值则如图 4.25 所示。

从图 4.25 可以看出,$\log[N(\xi)]$ 和 $\log(\xi)$ 之间具有较好的线性关系,其斜率代表不同剪切应力水平下含瓦斯煤岩剪切面裂纹的分形维数,表明含瓦斯煤岩剪切破坏的损伤过程是一个分形且具有较好的统计自相似性。将该煤样剪切应力水平与对应的分形维数进行比较可以发现它们具有较好的线性关系,且其余各煤样也有相同的变化规律,如图 4.26 所示,具体结果见表 4.2。

从图 4.26 中可以看出,随着剪切应力水平的提高,含瓦斯煤岩剪切面的微裂纹数量逐渐增加,其分形维数呈现上升趋势,图中直线斜率大小表征着含瓦斯煤岩随剪切荷载增加的损伤快慢程度。由于含瓦斯煤岩剪切面的破裂形态在一定程度上反映了其内部的损伤情况,因此,剪切面裂纹的分形维数可以定量地反映含瓦斯煤岩随剪切应力状态变化的损伤演化规律。从表 4.2 中的线性拟合方程可知,含瓦斯煤岩剪切面裂纹分形维数与剪切应力水平之间满足如下关系:

$$D_f=a(\tau/\tau_n)+b \tag{4.28}$$

式中,$D_f$ 为分形维数;$a$ 和 $b$ 均为与含瓦斯煤岩材料性质有关的拟合参数。

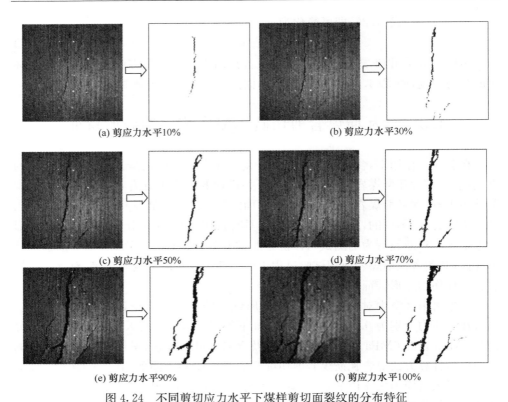

(a) 剪应力水平10%　　　　　　　　　　(b) 剪应力水平30%

(c) 剪应力水平50%　　　　　　　　　　(d) 剪应力水平70%

(e) 剪应力水平90%　　　　　　　　　　(f) 剪应力水平100%

图 4.24　不同剪切应力水平下煤样剪切面裂纹的分布特征

Fig. 4.24　The distribution characteristics of cracks in shear surface under

different shear stress level

　　文献[211]研究表明,裂纹的形成过程伴随着能量耗散,它是一个从微断裂成核、扩展、相互作用、连通的损伤断裂演化过程。而从式(4.28)分析来看,剪切面裂纹分形维数随剪切应力增加而增大,反映了剪切裂纹的变化规律,其在一定程度上是含瓦斯煤岩内部能量耗散的量度。因此,下面拟进一步讨论剪切面裂纹系统的分形维数与剪切断裂耗散能之间的关系。

　　根据 Griffith 断裂理论,无论形成一条长度为 $l_i$ 的裂纹多么复杂,所需的耗散能 $E(l)$ 可以近似估计为[211]

$$E(l_i) = 2\gamma_s l_i h \tag{4.29}$$

式中,$\gamma_s$ 为单位面积的表面能;$h$ 为裂纹厚度。

　　而由 Mandelbrot[212] 研究成果可估算出裂纹的总长度为

$$l_i(\xi_i) \approx l_0(\xi)\xi_i^{1-D_f} \tag{4.30}$$

式中,$l_0(\xi)$ 为裂纹扩展不规则的直线长度,与码尺长度 $\xi$ 有关,为简便起见,本书设其为单位长度码尺。

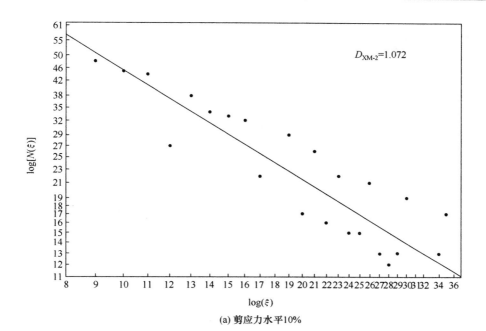

(a) 剪应力水平10%

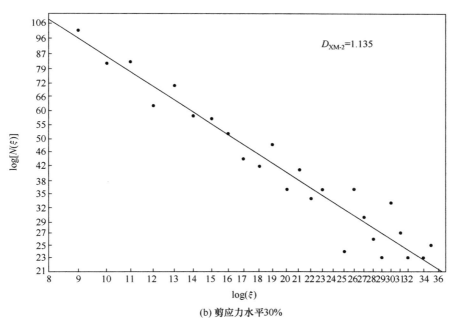

(b) 剪应力水平30%

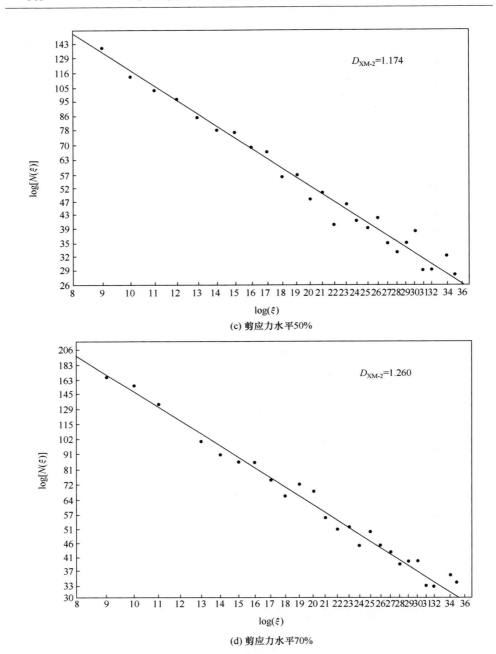

(c) 剪应力水平50%

(d) 剪应力水平70%

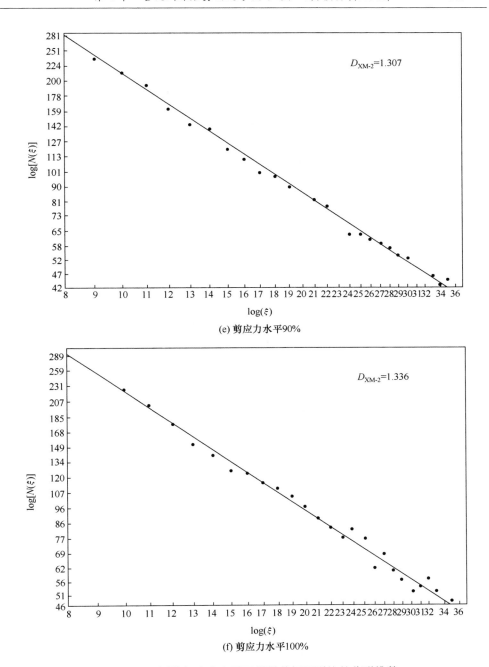

图 4.25　不同剪切应力水平下煤样剪切面裂纹的分形维数

Fig. 4.25　The fracture dimensions of cracks in shear surface under different shear stress level

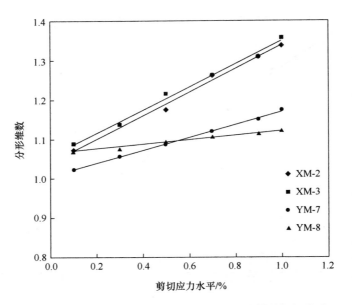

图 4.26　含瓦斯煤岩剪切应力水平与分形维数之间的关系

Fig. 4.26　The relationship between fracture dimensions and shear

stress level of coal containing gas

**表 4.2　含瓦斯煤岩剪切面裂纹分形维数**

**Table 4.2　The fractal dimension of crannies in shear surface of coal containing gas**

| 煤样 | 剪切面裂纹分形维数 | | | | | | 拟合方程 |
| --- | --- | --- | --- | --- | --- | --- | --- |
| | $\tau/\tau_n=10\%$ | $\tau/\tau_n=30\%$ | $\tau/\tau_n=50\%$ | $\tau/\tau_n=70\%$ | $\tau/\tau_n=90\%$ | $\tau/\tau_n=100\%$ | |
| XM-2 | 1.072 | 1.135 | 1.174 | 1.260 | 1.307 | 1.336 | $D_f=0.296(\tau/\tau_n)+1.041$ $(R^2=0.9927)$ |
| XM-3 | 1.088 | 1.136 | 1.215 | 1.262 | 1.307 | 1.357 | $D_f=0.293(\tau/\tau_n)+1.057$ $(R^2=0.9914)$ |
| YM-7 | 1.022 | 1.055 | 1.085 | 1.119 | 1.148 | 1.174 | $D_f=0.164(\tau/\tau_n)+1.005$ $(R^2=0.9964)$ |
| YM-8 | 1.069 | 1.076 | 1.096 | 1.108 | 1.115 | 1.123 | $D_f=0.061(\tau/\tau_n)+1.062$ $(R^2=0.9805)$ |

将式(4.30)代入式(4.29)则可得

$$E(l_i)=2\gamma_s h\xi_i^{1-D_f} \tag{4.31}$$

式(4.31)表明,含瓦斯煤岩剪切断裂系统的能量耗散是剪切面裂纹的分形维数 $D_f$ 和裂纹码尺长度 $\xi_i$ 的函数。

综上分析可知,含瓦斯煤岩剪切面裂纹的分形维数与含瓦斯煤岩剪切断裂耗散能具有密切的联系。而含瓦斯煤岩剪切断裂能的释放又是与其内部结构的破坏程度有关的量,因此,本节研究内容为从分形角度建立含瓦斯煤岩剪切条件下的损伤本构模型提供了一种新的思路。

## 4.6　本 章 小 结

为从细观角度认识含瓦斯煤岩破坏力学作用机理,本章在综合同类剪切试验装置的基础上自主研制了含瓦斯煤岩细观剪切试验装置,并利用该装置对含瓦斯煤岩在不同瓦斯压力、不同加载速率及不同法向应力条件下的剪切力学特性及剪切裂纹细观演化过程进行了试验研究。所做主要工作及结论如下。

（1）自主研发了细观剪切试验装置,其具有如下特点:①可进行流固耦合作用下煤岩剪切力学特性试验,为从细观角度研究含瓦斯煤岩破坏裂纹演化规律提供了可靠的试验手段;②具有良好的气密性,能保证煤样达到充分吸附瓦斯状态;③设计了侧向加载系统,能实现限制性及非限制性剪切试验功能;④试验数据测试手段多样化,实现了剪应力-剪切位移、裂纹细观图像及声发射信号的同步采集;⑤整体设计上具有结构简单、加工成本低、可靠性好、操作方便等特点。

（2）试验研究了瓦斯压力、剪切速率、法向应力等对含瓦斯煤岩剪切力学特性的影响,结果表明:①在剪切速率及法向应力恒定时,含瓦斯煤岩抗剪强度随着瓦斯压力的增加而增大,但不含瓦斯的煤样具有一定的差异性,表明瓦斯压力对煤样的抗剪力学性能既有强化作用又存在弱化作用;②在瓦斯压力及法向应力一定时,含瓦斯煤岩的抗剪强度随着剪切速率的增加具有较明显的减小趋势,其抗剪强度与剪切速率关系呈现较明显的幂函数衰减;③在瓦斯压力及剪切速率一定的情况下,含瓦斯煤岩剪切变形速率随着法向应力的增大而减小,且其抗剪强度随着法向应力的增加而呈现线性增大的趋势。

（3）对含瓦斯煤岩剪切力学试验过程中剪切面细观裂纹的时空演化规律进行了分析。结合剪切力-剪切位移曲线和剪切面裂纹细观图像的变化规律,将含瓦斯煤岩剪切破坏过程分为裂纹起裂前阶段（Ⅰ）、裂纹稳定扩展阶段（Ⅱ）、裂纹非稳定扩展阶段（Ⅲ）、剪切断裂（Ⅳ）及裂纹摩擦阶段（Ⅴ）五个阶段,并分析了各阶段的剪切力-剪切位移曲线特征及裂纹开裂扩展演化特征。对含瓦斯煤岩剪切破坏裂纹形态分析表明,含瓦斯煤岩剪切破坏存在张拉破坏、剪切破坏和拉剪混合破坏等形式。

（4）基于岩石断裂力学的相关理论对含瓦斯煤岩剪切破坏过程进行了力学机理分析,得到了含瓦斯煤岩张拉破坏及剪切破坏的峰值强度准则。通过理论分析表明,含瓦斯煤岩剪切面端部或内部发生初始张拉破坏时,在剪切面上端对应的剪应力水平最小,内部对应的剪应力水平次之,剪切面下端对应的剪应力水平最大,即如果是先发生张拉破坏,则张拉破坏必然先发生在剪切面端部,形成张拉裂纹,这与试验中观测到的剪切面裂纹开裂扩展方向相吻合。

（5）对含瓦斯煤岩剪切力学试验中不同剪切应力水平下剪切面裂纹的分形特征进行了研究。结果表明,随着剪切应力水平的提高,含瓦斯煤岩剪切面裂纹的分形维数呈现上升趋势,且剪切面裂纹分形维数与剪切应力水平之间满足如下关系：

$$D_f = a(\tau/\tau_c) + b$$

式中,$D_f$ 为分形维数；$a$、$b$ 均为与含瓦斯煤岩材料性质有关的拟合参数。

（6）含瓦斯煤岩剪切面的破裂形态在一定程度上反映了其内部的损伤情况,因此,剪切面裂纹的分形维数可以定量地反映含瓦斯煤岩随剪切应力状态变化的损伤演化规律。基于此,建立了剪切面裂纹系统的分形维数与剪切断裂耗散能之间的关系：

$$E(l_i) = 2\gamma_s h \xi_i^{1-D_f}$$

式中,$E(l_i)$ 为裂纹形成时的耗散能；$\gamma_s$ 为单位面积的表面能；$h$ 为裂纹厚度；$D_f$ 为分形维数。

# 第5章　煤与瓦斯突出失稳破坏过程物理模拟研究

## 5.1　概　　述

众所周知,煤与瓦斯突出是发生在煤矿井下的一种极其复杂的矿井动力灾害,其突发性和破坏性都极强,而这实质上就是含瓦斯煤岩体破坏后失稳产生的动力效应。前文已对含瓦斯煤岩的力学特性及渗流特性等进行了相关研究,本章拟进一步对含瓦斯煤岩破坏后失稳的动力效应进行探索。

研究表明[145],在煤与瓦斯突出的孕育和发生过程中,地应力起着至关重要的作用。因此,开展不同地应力条件下的煤与瓦斯突出研究,对认识含瓦斯煤岩破坏失稳的力学机理及预防煤与瓦斯突出事故发生均有着重要的理论意义和实际工程价值。基于此,本章以取自煤与瓦斯突出发生较严重的重庆市天府矿业有限责任公司三汇一矿 $K_1$ 煤层的煤样为研究对象,利用重庆大学自主研制的大型煤与瓦斯突出模拟试验装置对不同垂直应力、不同水平应力及阶梯荷载状态下的含瓦斯煤岩进行突出模拟试验,以探索含瓦斯煤岩破坏失稳演化过程及其动力学效应。

## 5.2　试　验　方　法

### 5.2.1　煤样的采集与成型

试验所需煤样均取自重庆市天府矿业有限责任公司三汇一矿 $K_1$ 煤层,该层为软弱分层,在过石门揭煤过程中,曾发生过多次煤与瓦斯突出事故。

将从现场取回的原煤煤样用粉碎机进行粉碎,把粉碎后的原煤放入振动筛内进行筛分,共可筛分出小于 5 目、5～10 目、10～20 目、20～40 目、40～60 目、60～80 目、80～100 目七个粒径级别的煤粉颗粒、对筛分后的煤样按不同粒径级别分别放置,待试验时根据需要进行粒径配比。而对煤样进行不同粒径筛分是为了便于考察煤与瓦斯突出后的分选性。

本试验煤样采用经粉碎机一次粉碎后的原始配比煤样,其粒径配比如表 5.1 所示。取一定量原始煤样(约 2kg)放入干燥箱干燥 6h 并冷却,称量干燥后煤样的质量,以确定原始煤样中的含水率。然后称取原始煤样 100kg,根据试验方案确定的含水率 4%进行加水并混合均匀。

| 原始煤样 | 粒径/目 | ≤20 | 20~40 | 40~60 | 60~80 | 80~100 | ≥100 |
|---|---|---|---|---|---|---|---|
| | 百分比/% | 43.9 | 24.4 | 12.6 | 5.3 | 4.6 | 9.2 |

　　将达到含水率要求的煤样装入煤与瓦斯突出试验模具内,用专用的成型装置在 4.0MPa 下稳定 30min 后压制成型,如图 5.1 所示。值得说明的是,由于煤的塑性变形较大,成型过程需要经历 4~5 次加压、添煤、再加压的重复过程,直至成型煤层高度达到模具的试验要求高度,并记录最终所装煤样质量。

　　　　　(a) 液压侍服机　　　　　　　　　　　　　　(b) 成型装置

图 5.1　煤的成型设备
Fig. 5.1　Coal molding equipment

### 5.2.2　试验装置简介

　　所用试验装置为重庆大学自主研发的大型煤与瓦斯突出模拟试验装置[131,213]。该装置主要由煤与瓦斯突出模具、快速释放机构、承载框架、电液伺服加载系统、翻转机构、主机支架及其附属装置等组成,如图 5.2 所示。其主要用于煤与瓦斯突出过程模拟试验研究,可模拟不同煤级煤样在不同成型压力、不同应力、不同瓦斯压力、不同荷载形式、不同含水率及不同突出口径等条件下的突出情况。

　　考察指标主要包括突出强度、突出时间、突出孔洞形态、突出前后煤体内部的温度及其瓦斯压力演化、发生突出的瓦斯压力与地应力的临界值以及突出煤的粉碎性、分选性及分布特征等。

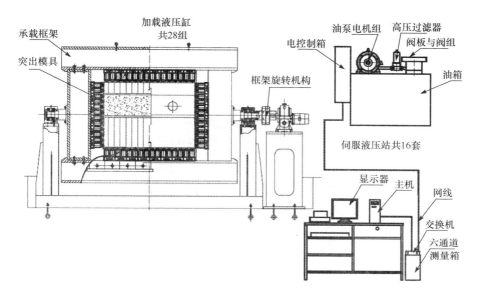

(a) 结构原理图

(b) 实物图

图 5.2　煤与瓦斯突出模拟试验台示意图

Fig. 5.2　Map of coal and gas outburst simulation test-bed

该装置的主要技术参数如下:突出煤样尺寸:570mm×320mm×385mm;最大垂直应力:4.0MPa;最大水平应力:4.0MPa;最大瓦斯压力:2.0MPa;温度检测范围:−200℃～+850℃;最大成型压力:1000kN;千斤顶活塞杆最大行程:100mm。

值得说明的是,本章模拟试验均采用应力控制加载模式,因此将相关液压千斤顶编成三组,以实现同一组千斤顶的同步加载:6号和15号千斤顶为一组,用于对快速释放门进行加压;8号、9号及10号千斤顶为一组,用于施加垂直荷载;4号和5号千斤顶为一组,用于施加水平荷载。各千斤顶编号及位置如图5.3所示。

图 5.3　千斤顶编组

Fig. 5.3　Number of jack

### 5.2.3　试验方案

据以往实际发生的煤与瓦斯突出案例以及国内外学者的研究成果分析,地应力在煤与瓦斯突出事故中扮演了重要的角色。地应力越高的区域,发生煤与瓦斯突出的概率越大[214,215]。地应力通常包括自重应力、构造应力和采动应力。因此,为研究地应力对煤与瓦斯突出的影响,这里制定了如下三种试验方案。

方案一:模拟上覆岩层应力的影响,即在煤体上施加的水平应力恒定为2.4MPa前提下,通过施加垂直应力分别为2.0MPa、3.0MPa和4.0MPa的三组试验来实现。

方案二:模拟水平构造应力的影响,即在煤体上施加的垂直应力恒定为3.0MPa前提下,通过施加水平应力分别为1.4MPa、2.4MPa和3.4MPa的三组试验来实现。

方案三:模拟采动应力的影响,即模拟极限平衡区的煤与瓦斯突出情况,因此,在煤体上加载的水平应力恒定为2.4MPa,通过施加不同垂直非均布荷载来实现。试验时在8号、9号和10号千斤顶上分别按如下应力组合进行加载:第一组为0.6MPa:1.8MPa:1.8MPa;第二组为0.6MPa:2.7MPa:1.8MPa;第三组为0.6MPa:3.6MPa:1.8MPa。

在各试验方案中,除上述应力参数不同外,其余均采用了统一的试验参数,如表5.2所示。值得一提的是,据文献[216]研究表明,该模拟试验台的几何相似比为 7.5，应力相似比为 8.3。

**表 5.2　煤与瓦斯突出模拟实验参数**
**Table 5.2　Coal and gas outburst simulation experimental parameters**

| 煤样成型压力 /MPa | 含水率 /% | 突出口口径 /mm | 瓦斯压力 /MPa | 抽真空时间 /h | 瓦斯吸附时间 /h |
| --- | --- | --- | --- | --- | --- |
| 4.0 | 4.0 | 60 | 1.0 | 4.0 | 2.4 |

### 5.2.4　试验步骤

试验步骤主要包括模具安装、模具吊装、突出口密封、程序调试、吸附瓦斯、应力施加、数据采集等。为了保证试验的安全性及可靠性，需严格按照下述试验操作步骤进行试验。

（1）煤样成型完成后，即可安装硅胶板密封垫，该密封垫用于模具与上盖板之间的密封。盖上上盖板，用螺栓将上盖板紧固在突出箱体上，并将垂向压轴装入相应位置，即完成模具安装。此外，还应对模具侧面安装温度传感器的部位进行掏孔处理，孔洞长度不得少于 200mm，直径约 10mm，能插入温度传感器即可。装好后的模具如图 5.4 所示。

图 5.4　煤与瓦斯突出模具
Fig. 5.4　The coal and gas outburst mould

（2）模具安装完毕后即进入模具吊装，模具吊装前需调整旋转机构使承载框架处于水平位置，并利用定位支耳和定位螺孔将其锁紧。模具吊装时需谨慎操作，以便模具能顺利安装到固定位置，当模具吊装到位后，将固定横梁安装好并将承载框架旋转至垂直位置。值得注意的是，在模具置入框架三分之一部分时应在模具底部安装好瓦斯进气管线。

（3）模具吊装完成后，卸下突出口的圆形挡板，并对突出口进行清理，保证突出口的煤样平整，在突出口周围涂抹一圈 704 硅橡胶，将聚酯密封板粘贴好，待硅胶固结后，再将圆形挡板重新安装好。

（4）将温度传感器安装到温度检测孔并与计算机采集系统连接好，同时连接好瓦斯充气系统。打开计算机控制程序，确认其处于工作正常状态。

（5）对煤体进行预充气，以便检查整个系统的气密性。确认整个系统处于密闭状态后，对煤体进行抽真空处理，时间为 2～3h，以便达到较好的真空度。抽真空完成后，施加预定的瓦斯压力，进入煤体吸附瓦斯阶段。为了使煤体达到充分吸附瓦斯状态，瓦斯吸附时间控制在 48h。在此过程中，由计算机系统自动记录吸附过程中的温度及瓦斯压力变化情况，同时还需手动记录环境温度、环境湿度等参数，以便进行对比。

（6）瓦斯吸附完成后，打开出气阀门进行排气，当煤体瓦斯压力降至大气压前关闭出气阀门，将突出口圆形挡板拆下并检查密封口是否完好，确认密封口处于完好状态后打开快速释放机构的气动阀将快速释放门关好。对突出口前方支撑块对应的 6 号与 15 号千斤顶分别施加一定的压力，确保突出口密封板的密封性。值得说明的是，此过程是由于 6 号和 15 号加载系统无法长时间处于工作状态，因此只能靠圆形挡板对瓦斯吸附过程中的突出口进行密封，但突出过程中圆形挡板无法自动快速打开，所以需重新换上快速释放门对突出口进行密封并实现突出时突出口压力的快速释放。为保证煤体的吸附效果，本步骤需在最短的时间内完成。

（7）分别对 4 号、5 号、8 号、9 号、10 号千斤顶施加试验方案中预定的压力，打开进气阀门并施加预定的瓦斯压力，重新对煤体进行充气吸附 1～2h 并记录相应的数据。

（8）煤样吸附瓦斯完成后，工作人员进入突出试验状态。开启空气压缩机，当空气压缩机气体压力达到 0.8MPa 左右时，即可关闭空气压缩机，并打开快速释放机构的气动阀。然后操作 6 号、15 号千斤顶，使施加在快速释放门上的压力快速下降，快速释放门在空气压缩机气体压力的作用下而快速打开，从而实现突出口压力的快速释放。煤体在地应力及瓦斯压力的作用下发生突出，用摄像机对突出过程及突出状态进行录制。值得注意的是，打开气动阀之前应关闭高压瓦斯气瓶，以保证突出时瓦斯气体仅来源于突出模具内煤体的游离与吸附瓦斯。

（9）待突出的瓦斯气体充分放散后，进入突出区域采集相关数据。如果发生了煤与瓦斯突出，则需记录突出后煤样的分布、突出孔洞的形状、突出煤样的重量、突出煤样的粒径分布等，并拓取突出孔洞的模型。此外，还需从计算机系统里导出瓦斯吸附过程及突出过程中的瓦斯压力及温度变化数据。值得说明的是，为更好地考察含瓦斯煤岩体发生突出后在突出口周围的煤粉空间分布特征，沿突出方向，在突出口两侧分别划分了 7 个分区,其中突出口左侧分区如图 5.5 所示。

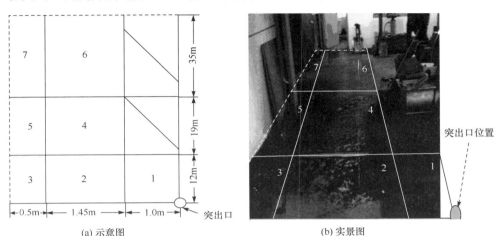

(a) 示意图　　　　　　　　　　　　　　　　(b) 实景图

图 5.5　煤粉收集分区

Fig. 5.5　Coal collection area

## 5.3　不同应力条件下煤与瓦斯突出过程模拟试验结果及分析

### 5.3.1　突出前后煤样三轴剪切力学试验

为了对比煤与瓦斯突出模拟试验所用煤样及经历突出过程后煤样的力学性质,本书借鉴土工试验方法对煤与瓦斯突出前后煤样进行了三轴剪切试验。试验仪器选用 TSZ-2 型全自动三轴仪,如图 5.6 所示。试验用煤样规格为 $\phi39.1\text{mm}\times80\text{mm}$,对每组煤样分别在 $0.25\text{MPa}$、$0.40\text{MPa}$、$0.50\text{MPa}$、$0.60\text{MPa}$ 和 $0.75\text{MPa}$ 围压条件下进行不固结不排水剪切试验,通过莫尔-库仑准则进行拟合后可分别得到突出前后煤样的内聚力 $c$、内摩擦角 $\varphi$ 及其单轴抗压强度 $\sigma_c$。

在试验过程中,由计算机系统自动绘制不同围压下煤样主应力差-轴向应变关系曲线。此外,TSZ-2 型全自动三轴仪系统还可根据上述试验结果自动绘制出莫尔圆,并给出线性莫尔圆包络线,自动计算出内聚力 $c$ 值和内摩擦角 $\varphi$ 值。图 5.7、图 5.8 所示为垂直应力分别为 $2.0\text{MPa}$ 和 $3.0\text{MPa}$ 突出条件下试验所用煤样在突出前后的三轴剪切试验结果。

从图 5.7、图 5.8 可以看出,突出前后煤样的抗剪力学参数具有较明显的差异,突出后煤样的内聚力 $c$ 值和内摩擦角 $\varphi$ 值均大于突出前煤样。据相关研究分析[217],煤样粒径对其抗剪力学性能存在较显著的影响,煤样粒径越小,其抗剪力

图 5.6 TSZ-2 型全自动三轴仪

Fig. 5. 6 TSZ-2 automatic triaxial apparatus

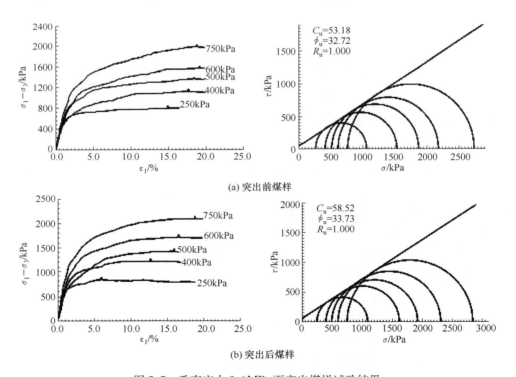

图 5.7 垂直应力 2.0MPa 下突出煤样试验结果

Fig 5. 7 Experiment results of outburst coal under 2.0MPa vertical stress

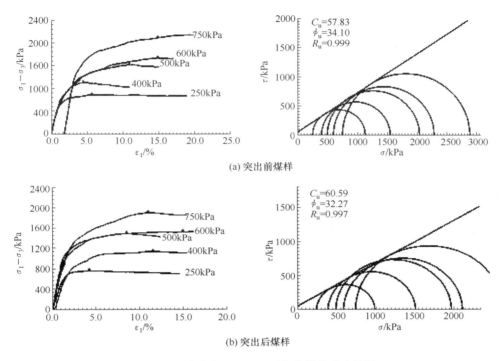

图 5.8　垂直应力 3.0MPa 下突出煤样试验结果

Fig 5.8　Experiment results of outburst coal under 3.0MPa vertical stress

学参数 $c$ 值和 $\varphi$ 值均越大。实际上通过对突出煤样进行粒径筛分发现,突出煤样中大粒径比例较突出前煤样有所降低,而小粒径比例则有所提高。由此说明,煤与瓦斯突出过程对煤样具有粉碎作用。

　　此外,通过内聚力 $c$ 值和内摩擦角 $\varphi$ 值计算出的单轴抗压强度也存在突出后煤样大于突出前煤样的情况,这也正是由于突出过程对煤体存在破碎作用所致。突出后煤样粒径变小,成型时其内部结构较突出前煤样密实,抵抗变形的能力有所提高,因此计算出的抗压强度也就大。具体试验结果如表 5.3 所示。

**表 5.3　剪切试验结果**

**Table 5.3　Shearing experiment results**

| 煤样分组 | | 内聚力/MPa | 内摩擦角/(°) | 单轴抗压强度/MPa |
|---|---|---|---|---|
| 垂直应力 2.0MPa | 突出前煤样 | 5.318 | 32.72 | 0.195 |
| | 突出后煤样 | 5.852 | 33.73 | 0.219 |
| 垂直应力 3.0MPa | 突出前煤样 | 5.783 | 34.10 | 0.218 |
| | 突出后煤样 | 6.059 | 32.27 | 0.220 |

### 5.3.2　突出模拟试验结果及分析

　　为研究地应力对煤与瓦斯突出的影响,先后耗时 3 个月共进行了 8 次突出模拟试验,图 5.9 为部分试验的煤与瓦斯突出过程瞬间图像,各组突出模拟试验结果则如表 5.4 和表 5.5 所示。其中,表 5.4 中的绝对突出强度是指突出煤样的总质量,相对突出强度是指突出煤样质量占试验装煤总质量的百分比。

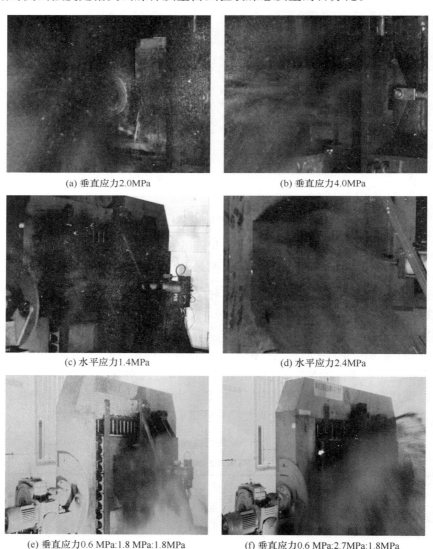

(a) 垂直应力2.0MPa　　　　　　　　　　(b) 垂直应力4.0MPa

(c) 水平应力1.4MPa　　　　　　　　　　(d) 水平应力2.4MPa

(e) 垂直应力0.6 MPa:1.8 MPa:1.8MPa　　　(f) 垂直应力0.6 MPa:2.7MPa:1.8MPa

图 5.9　煤与瓦斯突出过程状态图

Fig. 5.9　Coal and gas outburst simulation process photo

### 表 5.4　突出模拟试验结果
#### Table 5.4　Outburst simulation experimental results

| 试验编号 | 试验方案 | 荷载/MPa | 装煤总质量/kg | 绝对突出强度/kg | 相对突出强度/% |
|---|---|---|---|---|---|
| 1 | 不同垂直应力 | 2.0 | 89.876 | 13.792 | 15.35 |
| 2 | | 3.0 | 89.815 | 14.926 | 16.62 |
| 3 | | 4.0 | 89.135 | 21.935 | 24.61 |
| 4 | 不同水平应力 | 1.4 | 89.790 | 11.543 | 12.86 |
| 2 | | 2.4 | 89.815 | 14.926 | 16.62 |
| 5 | | 3.4 | 89.316 | 21.455 | 24.02 |
| 6 | 垂直非均布荷载 | 0.6∶1.8∶1.8 | 90.154 | 12.274 | 13.61 |
| 7 | | 0.6∶2.7∶1.8 | 89.926 | 14.038 | 15.61 |
| 8 | | 0.6∶3.6∶1.8 | 89.874 | 14.725 | 16.38 |

### 表 5.5　突出煤样粒径分布
#### Table 5.5　Coal sample particles diameter distribution of partial outburst experiment

| 占比/% ＼ 粒径/目　试验编号 | ≤20 | 20~40 | 40~60 | 60~80 | 80~100 | ≥100 |
|---|---|---|---|---|---|---|
| 原始煤样 | 43.9 | 24.4 | 12.6 | 5.3 | 4.6 | 9.2 |
| 1 | 31.7 | 23.5 | 15.8 | 6.4 | 8.1 | 14.5 |
| 2 | 32.2 | 23.6 | 18.8 | 13.8 | 4.0 | 7.6 |
| 3 | 27.5 | 21.1 | 15.2 | 12.6 | 6.1 | 17.5 |
| 4 | 26.7 | 20.0 | 16.1 | 9.5 | 8.2 | 19.5 |
| 5 | 28.4 | 20.4 | 14.7 | 13.9 | 6.4 | 16.2 |
| 6 | 27.0 | 22.0 | 15.9 | 12.7 | 6.8 | 15.6 |
| 7 | 26.7 | 20.6 | 16.9 | 14.0 | 6.5 | 15.3 |
| 8 | 25.2 | 21.5 | 16.1 | 10.3 | 9.6 | 17.3 |

1) 煤与瓦斯突出前后煤体瓦斯压力及温度变化规律分析

根据综合假说,煤与瓦斯突出是在瓦斯参与下的灾变过程,因此,试验时应让煤体达到充分吸附瓦斯状态。本章所有突出试验均是先对煤体抽真空 1.5h,然后在瓦斯压力 1.0MPa 下充分吸附 48h 后进行的。而由物理化学原理可知,煤体吸附瓦斯过程会放热,引起煤体温度的升高。同理,在突出过程中,由于大量瓦斯解吸,将导致煤体温度的降低。通过埋设在煤体内部的温度传感器及安装在模具顶部的瓦斯压力传感器对这两个过程中的温度及瓦斯压力进行了监测,部分试验结果如图 5.10 所示。

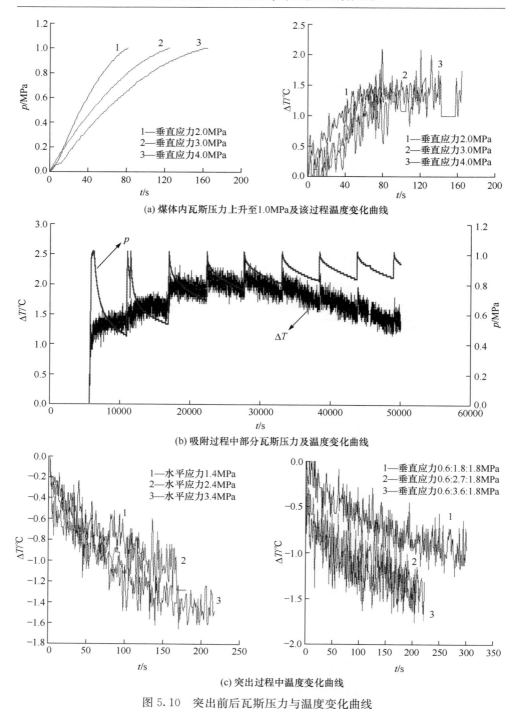

(a) 煤体内瓦斯压力上升至1.0MPa及该过程温度变化曲线

(b) 吸附过程中部分瓦斯压力及温度变化曲线

(c) 突出过程中温度变化曲线

图 5.10　突出前后瓦斯压力与温度变化曲线

Fig. 5.10　Gas pressure and temperature variable curves before and after outburst

从图 5.10(a) 中可以看出，垂直应力越大则煤体顶部达到 1.0MPa 瓦斯压力的时间越长，且该过程中煤体温度升高幅度越小。这是因为垂直应力越大，煤体受压变得更加密实，其孔隙率则变小，因此瓦斯在煤体中流动更加困难，同时由于孔隙率降低，其吸附瓦斯的量则随之减少，放出的热量也越少，表现为煤体温度升高的幅度越小。而在实际煤层中，地应力越高的地区往往是发生煤与瓦斯突出概率越大的地方，这也是由于应力越大瓦斯流动越困难，容易在煤体中形成高瓦斯压力梯度区。因此在生产实际中应注意瓦斯抽放，以降低煤与瓦斯突出的危险性。

图 5.10(b) 则给出了吸附过程中瓦斯压力变化与温度变化的对比曲线，图中显示，瓦斯压力曲线出现阶段性的下降。这是由于在吸附过程中每隔 1.5h 开启一次瓦斯进气阀的缘故。从该曲线可以看出，瓦斯压力下降最低点越来越大，并最终趋于瓦斯压力预定值 1.0MPa，说明煤体最终达到了饱和吸附状态。在此过程中，煤体温度在初始吸附时变化量越来越大，随着煤体吸附越来越接近饱和状态，温度变化量也随之减小。这也是因为瓦斯吸附是一个放热过程，初始吸附量较大，温度变化幅度也大，随着吸附量越来越小，温度变化幅度则减小。

图 5.10(c) 显示了煤与瓦斯突出过程中煤体温度的变化曲线。由于在煤与瓦斯突出过程，瓦斯压力下降极快，瞬间即降至大气压，因此没有采集到相关数据，这说明煤与瓦斯突出是一个突发过程。瓦斯从煤体中解吸出来则需要一定的时间，且突出发生后，未发生突出的煤体因为瓦斯压力的瞬间降低，也将解吸出大量瓦斯，并吸收热量，从而引起煤体温度下降。此外，从图中还可以看到，应力越大，煤体温度下降值越大，表明从煤体中解吸的瓦斯量越多。

以上试验结果分析说明，瓦斯吸附解吸均引起煤体内温度的变化。在煤矿生产过程中，当采掘作业破坏了煤岩体的原始平衡状态时，煤层中的瓦斯赋存状况及赋存条件均将发生变化。而根据煤岩体破坏过程中瓦斯解吸与温度的关联性，本书认为可根据对煤岩体温度连续监测数据来预测预报煤与瓦斯突出。当然，其具体方法还有待于进一步相关试验及理论研究。

2) 地应力作用下煤与瓦斯突出过程分析

通过对地应力作用下煤与瓦斯突出过程录像分析，三种方案中的突出试验均经历了大致相同的突出过程，下面以第 3 组试验为例加以说明，如图 5.11 所示。

由图可以看出，整个煤与瓦斯突出过程大概持续 1s 左右。根据文献[145]的研究分析，煤与瓦斯突出过程可分为突出准备、突出发动、突出发展和突出终止四个阶段。下面拟结合本书试验对上述四个阶段进行论述。

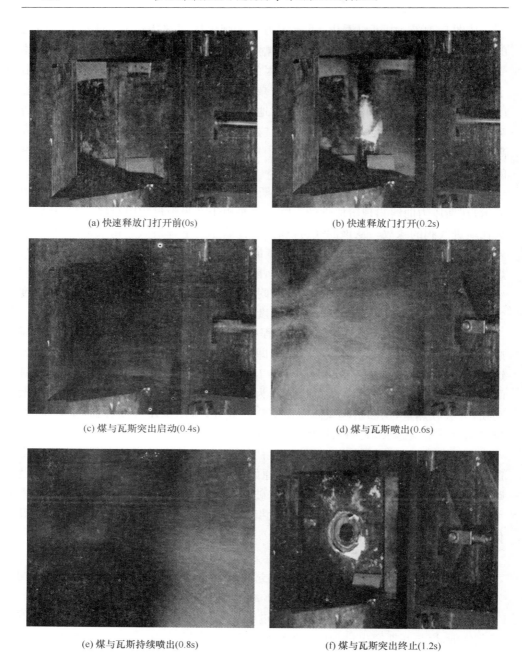

(a) 快速释放门打开前(0s)　　　　　　　　(b) 快速释放门打开(0.2s)

(c) 煤与瓦斯突出启动(0.4s)　　　　　　　　(d) 煤与瓦斯喷出(0.6s)

(e) 煤与瓦斯持续喷出(0.8s)　　　　　　　　(f) 煤与瓦斯突出终止(1.2s)

图 5.11　煤与瓦斯突出全过程

Fig. 5.11　The process of the coal and gas outbursts

突出的准备阶段即为突出发生条件的酝酿阶段,本书试验即为图 5.11 中的(a)和(b)过程。图 5.11(a)为快速释放门打开前,突出模具中的煤体处于稳定的三维应力状态,相当于处在未受采掘作业影响的原始应力状态,此时只要门不打开,就不可能发生突出;图 5.11(b)为快速释放门打开瞬间,模拟石门揭煤时的煤岩体应力状态,此时模具内的煤体由三维应力状态迅速变为二向或单向应力状态。由第 4 章研究表明,此时将在突出口周围迅速发生张拉或剪切破坏,形成支承压力极限平衡区。

突出发动阶段即指从准备阶段静止的煤体到煤与瓦斯突出发生这一突变点,本书试验即为图 5.11(c)。图 5.11(c)为快速释放门完全打开,如果此时模具内的煤体满足突出条件,会立即发生突出,极限平衡区发生失稳,煤体中积聚的弹性应变能及瓦斯内能快速释放将失稳煤体破碎并抛出。

突出发展阶段指的是从突出的最初发动到突出终止所经历的过程,本书试验即为图 5.11 中的(d)和(e)过程。在煤与瓦斯突出发动以后,形成了最初的突出孔洞,所形成的孔洞周围的高压瓦斯煤体应力迅速释放,煤体内的吸附瓦斯大量解吸为游离瓦斯,在煤体中形成很高的瓦斯压力梯度参与突出的发展,同时在突出发动过程中形成的应力波的作用下孔洞周围煤体继续发生张拉及剪切破坏,破坏煤体脱离母体并被瓦斯流抛出孔洞以外。随着煤体内瓦斯压力的降低及应力的释放,以及部分没能被抛出孔洞的破碎煤的阻碍作用,突出强度逐渐衰减直至突出终止,如图 5.11(f)所示。

图 5.12 为部分试验突出终止后的突出口状态、被抛出煤粉分布状态及拓取的突出孔洞模型。由图可以看出,突出口均有破碎煤堆积情况;被抛出的煤样均能看出有较明显的分选性,且从分区收集情况来看,地应力越大,煤粉被抛出的距离越远,量也越大;拓取的突出孔洞模型则呈现口小腹大的梨形及椭球形,这些现象与现场突出情况都较为吻合。

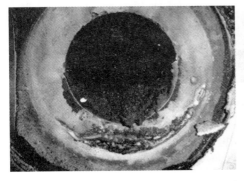

(a) 垂直应力4.0MPa下突出口形态及突出煤样分布

(b) 阶梯荷载0.6MPa:3.6MPa:1.8MPa下突出口形态及突出煤样分布

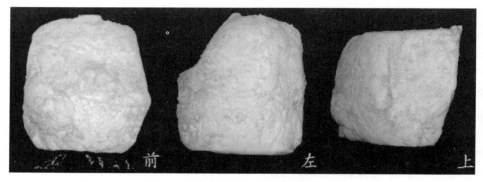

(c) 垂直应力4.0MPa下突出孔洞模型

(d) 阶梯荷载0.6MPa:3.6MPa:1.8MPa下突出孔洞模型

图 5.12　典型突出孔洞形态、突出煤样分布及突出孔洞模型

Fig. 5.12　The shape of outburst bore, the distribution of outburst coal and the

hole models of coal and gas outburst

3）地应力对煤与瓦斯突出的影响分析

图 5.13 为不同应力条件下煤与瓦斯突出后的突出煤样分布情况。从突出强度曲线图上可以看出，在相同水平应力条件下，随着垂直应力或采动应力的增大，突出煤量将增多；在相同垂直应力条件下，随着水平应力的增大，突出煤量也将增多。这表明，地应力越大，能够提供突出的能量越大，抛出的煤粉量也就越多，而在突出过程中，煤粉的搬运能量来源往往是由瓦斯提供的，这与前文所述地应力越大突出时解吸的瓦斯量也越多相吻合；此外，从各组试验中突出煤样的粒径分布来看，应力越小，突出煤样中大粒径的比例越大，随着应力增大，突出煤样中小粒径比例也随之提高。这表明应力越大，对煤样的破碎作用越强。虽然在煤粉被抛出孔洞的过程中也存在一定的破碎，但主要是由于瓦斯的作用，在突出准备阶段，煤体实际上已经经历了达到其强度极限的荷载，煤体内部必然已经遭受到相当程度的破坏，此时只要有外界扰动，就很容易发生突出。因此，地应力对煤体的破碎作用主要还发生在煤与瓦斯突出准备阶段。

从第 3 章及第 4 章中的含瓦斯煤岩三轴压缩力学性质和剪切力学特性研究来看，应力越大则含瓦斯煤岩的压缩或剪切变形均越大，积聚在煤样中的应变能也就越多，一旦失稳，能量的释放将导致其内部遭受破坏的程度越高。同时，在突出过程中，煤体将解吸出大量的瓦斯，煤体碎裂程度越高，则瓦斯解吸量将越大，且地应力越大，瓦斯在煤体内运移越困难，形成一个瓦斯压力梯度较大的区域。该区域内瓦斯压缩能也就越大，而瓦斯内能的释放是搬运煤粉向外抛掷的能量来源，因此，该瓦斯源一旦失稳，瓦斯提供的能量则越多，抛出的煤粉量将越大。

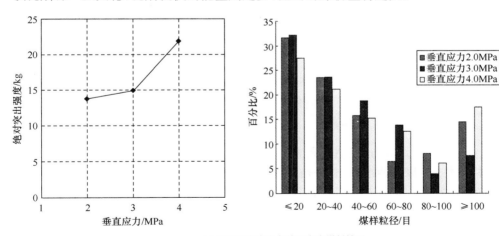

(a) 不同垂直应力条件下突出煤样情况

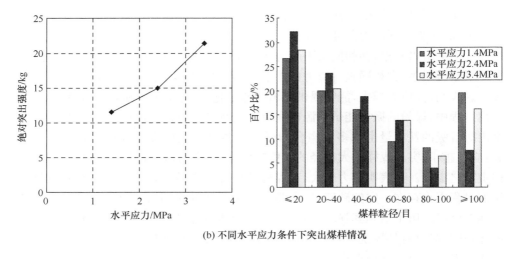

(b) 不同水平应力条件下突出煤样情况

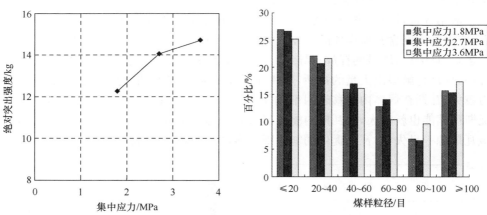

(c) 阶梯荷载条件下突出煤样情况

图 5.13　不同地应力条件下煤与瓦斯突出情况

Fig. 5.13　Distribution of outburst coal under different vertical stress

　　综上所述,地应力(包括垂直应力、水平应力及集中应力)对煤与瓦斯突出的影响主要体现在以下两个方面:一是对煤体的力学破坏作用,二是对煤体内瓦斯压力场的控制影响。实际上在高地应力地区发生的煤与瓦斯突出事故也表明,该地区的煤体大多比较破碎,且瓦斯压力均较大。因此,在矿井实际生产中,应该注重地应力的监测,为煤与瓦斯突出预测预防提供参考。

# 5.4　本　章　小　结

为研究含瓦斯煤岩破坏失稳演化过程及其动力效应,本章以重庆市天府矿业有限责任公司三汇一矿的煤样为研究对象,利用重庆大学自主研制的大型煤与瓦斯突出模拟试验装置对不同垂直应力、不同水平应力及阶梯荷载状态下的含瓦斯煤岩体进行了突出模拟试验,并对煤与瓦斯突出过程及地应力对煤与瓦斯突出的影响进行了分析。所做主要工作及结论如下。

(1) 对煤与瓦斯突出试验方法进行了改进,在以往进行的煤与瓦斯突出试验中煤体吸附瓦斯的过程均较短,而本书进行的所有突出试验瓦斯吸附过程均达到48h,通过对该过程的瓦斯压力及温度监测数据进行分析发现,煤体达到了较好的吸附饱和状态,使突出试验更加接近真实情况。

(2) 对煤与瓦斯突出前后的煤样进行了三轴剪切土力学试验。试验结果显示,突出前后煤样的抗剪力学参数具有较明显的差异,突出后煤样的内聚力 $c$ 值、内摩擦角 $\varphi$ 值和单轴抗压强度均大于突出前煤样。这是由于煤与瓦斯突出过程对煤样具有粉碎作用,突出后的煤样粒径小于突出前煤样。

(3) 对不同垂直应力、不同水平应力、不同集中应力条件下的煤与瓦斯突出模拟试验表明:①在三种应力条件下的煤体吸附瓦斯过程中,初始吸附阶段瓦斯压力下降幅度较大,煤体温度升高幅度也较大,在瓦斯吸附后期,瓦斯压力下降幅度逐渐减小并趋于零,煤体温度升高幅度也降低;②三种应力条件下的煤与瓦斯突出均经历了突出准备、突出发动、突出发展及突出终止四个阶段,但这四个阶段持续时间极短,往往在 1s 之内,表明煤与瓦斯突出的突发性;③煤与瓦斯突出强度随着三种应力的增大而增大,且应力越大,突出时煤体温度下降幅度越大,突出的煤粉被抛掷得越远,突出煤样越粉碎;④三种应力条件下的煤与瓦斯突出后形成的突出口形态、突出煤样分布及突出孔洞模型均与现场实际突出均较为吻合。

(4) 对地应力影响煤与瓦斯突出的力学机理进行了分析,认为在煤与瓦斯突出准备阶段,地应力除了使煤岩体发生破坏以外,还在煤岩体内积聚了一定的弹性势能。在煤与瓦斯突出发动时,这些积聚的弹性势能快速释放,使破碎的煤岩体具有一定的初速度向外抛出。同时,地应力场对瓦斯渗流场存在控制作用,高地应力地区往往是高瓦斯压力区,提高了煤与瓦斯突出发生的危险性。

# 第6章 含瓦斯煤岩体稳定性判据及其应用

## 6.1 概 述

在煤矿实际生产过程中,如何预防煤与瓦斯突出的发生,实现煤炭资源的安全高效开采,是矿业领域研究工作者非常关注的一个问题,也是本书研究含瓦斯煤岩破坏失稳力学作用机理的最终目的所在。

矿井生产实际表明,具有煤与瓦斯突出危险性的煤层具有区域性分布规律,即煤与瓦斯突出只发生在某些局部地带,其突出危险带的面积只占整个开采区域的8%～20%,长度变动在 10～100m 之间。若不预测这些突出危险带,必然要在整个突出危险煤层采取防范措施,从而造成人力物力的极大浪费,还要消耗大量的工作时间。若长时间在非突出带工作,还会使工人丧失警惕,一旦进入突出危险带,很容易发生伤亡事故。因此,煤与瓦斯突出灾害的防治,关键在于突出危险性区域预测。特别是在矿井的设计阶段若能对突出做出预测,得出突出发生危险较小的设计方案,以便掘进过程能根据时间和区域的有效提取信息经过科学方法进行跟踪预测,从而达到资源高效开采的目的。

本章拟在前文含瓦斯煤岩破坏失稳机理研究的基础上,对实际煤储层中的含瓦斯煤岩体稳定性进行分析,并以重庆天府矿业有限责任公司三汇一矿 $K_1$ 煤层为工程背景,结合矿区三维地应力场的数值模拟计算,以修正的含瓦斯煤岩体稳定性判据(强度判据及能量判据)为依据对该煤层煤与瓦斯突出危险性区域进行预测研究。

## 6.2 含瓦斯煤岩体稳定性分析

基于煤与瓦斯突出是处于平衡状态下的煤岩体突然断裂和积蓄在煤岩体中的潜在应变能及瓦斯内能突然释放,从煤岩体中喷出巨量煤和瓦斯流而形成的一种动力现象的认识。本节在对工作面前方含瓦斯煤岩体破坏失稳力学作用过程进行分析的基础上,结合前文研究成果对含瓦斯煤岩体稳定性评判依据(强度判据及能量判据)进行修正。

### 6.2.1 含瓦斯煤岩体破坏失稳力学作用过程

众所周知,当煤层处于原始地应力场时,其受三维地应力作用而处于稳定状态,在没有外界扰动时,不会发生失稳而形成煤与瓦斯突出。如在第 5 章的突出模拟试验中,快速释放门不打开,则煤与瓦斯突出不会发生。

然而在工作面开采后,采空区荷载通过坚硬的顶底板向煤壁前方转移,且由于采掘进尺而使煤壁的支撑力释放,导致煤壁逐渐发生张拉及剪切破坏,形成了支承压力极限平衡区,从而为含瓦斯煤岩体的初始失稳准备了条件。

在支承压力向深部转移的过程中,采空区覆岩荷载向深部转移是通过煤层顶部岩梁的剪力和弯矩进行的,要使顶板岩层中产生剪力和弯矩,则顶板岩层必然要发生弯曲下沉。随着顶板的下沉,采掘工作面的卸压区煤岩体在垂直方向所占的空间减小,但由于应力释放后的煤岩体的体积不可能减小,必然出现煤岩体在水平方向向采掘空间挤出的现象。煤岩体向采掘空间的水平移动导致在煤岩体的上下方出现了阻止这种移动趋势的水平剪应力,且上下方剪应力的方向正好相反。煤岩体上下方在剪应力的作用下,进一步发生剪切破坏。

在通常情况下,极限平衡区是稳定的。但在一些特殊情况下,如遇外界扰动、顶板突然断裂、结构断层、煤岩脆性破坏或发生较大的流动变形等,均可导致此极限平衡区发生失稳,也即煤壁附近含瓦斯煤岩体失稳。失稳煤岩体失去承载力,煤岩体中积聚的弹性应变能、瓦斯内能和失稳煤岩体本身所具有的重力势能将失稳煤岩体破碎并抛出。

失稳煤岩体被抛出后形成了相应的突出孔洞,而在突出孔洞周围高压瓦斯煤岩体突然暴露,煤岩体内瓦斯迅速解吸并在孔洞煤壁形成了很高的瓦斯压力梯度,从而导致在孔洞煤壁暴露面处煤岩体发生拉伸破坏,破坏煤岩体中瓦斯进一步解吸,高瓦斯压力持续对煤岩体形成了作用力而将煤岩体抛出。煤岩体破坏后被抛出使得孔洞进一步变大,而在孔洞周围又形成了新的暴露面,在此暴露面处,煤岩体发生新一轮的破坏抛出。因此,突出发展过程中孔洞周围煤岩体的破坏是连续循环进行的。

在煤与瓦斯突出发动或发展过程中,有一部分被抛出的煤岩体没能被带出孔洞,或者抛出的煤岩体在孔洞内外的堆积逐渐减小了抛出通道的面积,使得孔洞壁受堆积煤的支撑力增大,从而使得孔洞壁煤岩体破碎速度变慢,煤岩体破碎程度降低,瓦斯解吸速度也变慢;同时,孔洞内瓦斯流动阻力加大,瓦斯在孔洞内的流速变慢,瓦斯粉煤流中的碎煤加速沉积,直到瓦斯解吸速度与瓦斯流动速度基本平衡后,暴露的煤壁将停止破坏,达到新的平衡稳定状态。

综上分析可知,含瓦斯煤岩体失稳形成动力效应前首先经历了一个强度破坏过程,正是由于含瓦斯煤岩体经历了强度破坏形成极限平衡区以后,遇特殊条件才被激发失稳,失稳后使得煤岩体中积聚的弹性应变能和瓦斯内能等得以释放而将失稳煤岩体破碎并抛出。因此,煤与瓦斯突出实际上是含瓦斯煤岩体的强度失稳和能量失稳过程,可依据强度判据和能量判据对其是否发生突出进行预测。

### 6.2.2　含瓦斯煤岩体发生突出的强度判据

在本书第 3 章的 3.4.4 小节中,对含瓦斯煤岩三轴压缩条件下的强度准则进行了修正,得到了用式(3.24)表示的含瓦斯煤岩强度准则表达式。基于该表达式,进一步对文献[155]提出的含瓦斯煤岩体强度指标稳定性系数 $R$ 做如下修正:

$$\begin{cases} R = \dfrac{\sigma_t}{\sigma_3 - \delta p} \\[2mm] R = \dfrac{\alpha(I_1 - 3\delta p) + K}{\sqrt{J_2}}, \quad (\sigma_t < I_1 \leqslant I_0) \\[2mm] R = \dfrac{[\alpha(I_1 - 3\delta p) + K]^2}{J_2 + (I_1 - I_0)^2}, \quad (I_0 < I_1) \\[2mm] \delta = \dfrac{E}{3}(1-\varphi)\left(\dfrac{\varepsilon_{max}}{p + p_{50}} + \dfrac{\beta_T T}{p}\right) + \varphi \end{cases} \tag{6.1}$$

式中的符号意义同前。

分析式(6.1)可知:当 $R \geqslant 1$ 时,含瓦斯煤岩体处于稳定状态;当 $R < 1$ 时,含瓦斯煤岩体处于非稳定状态。因此,系数 $R$ 的大小反映了含瓦斯煤岩体的稳定程度,$R$ 值越大,表明含瓦斯煤岩体越稳定;反之,则含瓦斯煤岩体越不稳定。

基于以上分析,可依据稳定性系数 $R$ 对煤与瓦斯突出危险性区域进行划分,并将稳定性系数 $R \geqslant 1.0$ 的区域定义为基本稳定区,在该区域内,若无断层、扭折带之类地质构造的影响,煤层将处于基本稳定状态;将稳定性系数 $R$ 介于 $0.9 \leqslant R < 1$ 的区域定义为相对稳定区,在该区域内,若无断层、扭折带之类地质构造的影响,煤层也是较为稳定的,即使在该区域内发生了煤与瓦斯突出,也仅是小范围小规模的突出;将稳定性系数 $R < 0.9$ 的区域定义为非稳定区,在该区域内的煤层将处于非稳定状态,是采掘过程中有可能发生煤与瓦斯突出的地方,而且,其稳定性系数 $R$ 值越小,相应区域煤岩体发生突出的危险性就越大。

### 6.2.3　含瓦斯煤岩体发生突出的能量判据

正如前面所述,煤与瓦斯突出的发生是煤矿井下开采中煤岩体突然破坏和积蓄在煤岩体中的潜在能量突然释放的结果。因此,可以得到以下推断:在有突出危险的煤层中,即使在某区域内的煤岩体由于地应力场的作用而使其产生宏观断裂破坏,但若其内部所积蓄的潜在能量并不足以使该区域的煤层产生突出的话,那么,该突出煤层在该区域范围内可能并不一定发生煤与瓦斯突出。基于以上分析,在提出预测含瓦斯煤岩体发生突出的强度判据的同时,还有必要进一步讨论预测含瓦斯煤岩体发生突出的能量判据。

在含瓦斯煤岩体破坏失稳的过程中,其能够释放的能量包括弹性应变能及瓦斯内能,结合本书第 2 章中 2.3.3 小节及第 3 章中 3.4.5 小节的分析结果可知,含瓦斯煤岩体潜在能量密度可表示为

$$W = W_g + W_E = \frac{1}{2} p \left\{ \exp\left(\beta_T \Delta T + 2 - \sqrt{4 - 2\beta_T \Delta T}\right) - 1 \right\} + \lambda \left(\frac{p_0}{p}\right) \frac{6Q_0}{\sqrt{\pi}(n-1)} \left(\frac{4Dt}{d^2}\right)^n$$

$$+ \frac{1}{2E_0} \left[ (\sigma_1'^2 + \sigma_2'^2 + \sigma_3'^2) - 2\nu(\sigma_1'\sigma_2' + \sigma_2'\sigma_3' + \sigma_3'\sigma_1') \right] \tag{6.2}$$

由于突出过程的复杂性,实际上要计算突出发动时所需煤岩提供的能量很难,因此能量判据其实是在强度判据的基础上附加的一个条件。一般而言,在同一稳定性系数 $R$ 的前提条件下,潜在能量密度 $W$ 越高的地段,煤岩体中储备的能量就越多,其相应区域煤岩体发生煤与瓦斯突出的可能性就越大。

## 6.3　工程应用实例

本节以重庆天府矿业有限责任公司三汇一矿 $K_1$ 煤层为研究对象,应用上述修正后的含瓦斯煤岩体破坏失稳强度判据及能量判据,并结合三汇一矿三维地应力场的数值模拟计算,对该矿区煤与瓦斯突出潜在危险性区域进行划分。

### 6.3.1　矿区概述

重庆天府矿业有限责任公司三汇一矿是我国煤与瓦斯突出较为严重的矿区之一,我国历史上最大的一次煤与瓦斯突出就发生在该矿。该矿位于重庆市北约 85km 的合川市三汇镇境内,地理坐标为东经 106°35′37″～106°39′22″,北纬 30°03′45″～30°08′45″,矿井在川东平行岭脊之内,平硐口标高为 +280m,南风井标高为 +950m,山顶标高为 +1200m,山脊多为三叠系飞仙关与二叠系长兴、茅口石灰岩组成,标高在 +1200～+800m 之间,两侧槽谷多为三叠系灰岩组成,标高在 +380～+260m 之间,山脉平行于大的构造方向呈线状延伸,其煤系柱状图如图 6.1 所示。本矿区位于宝顶背斜东翼,西为华蓥山大断层($F_4$),在研究区 $K_1$ 煤层分布有 $F_{62}$ 走向逆断层和 $F_{63}$ 斜向逆断层。

矿区含煤地层为二叠系龙潭煤组($P_2 l$),总厚度为 146.04～167.70m,与下伏茅口灰岩为平行不整合接触。龙潭煤层与上伏地层($P_2 ch$)长兴石灰岩呈整合接触。

含煤层主要由黑色页岩、灰色砂质页岩、细粒砂岩、粉砂岩、灰色石灰岩、灰白色黏土岩、煤层、菱铁矿组成。碎屑岩常具有丰富的植物化石碎屑;页岩多为煤层顶板,常含完整的植物叶化石,并有大量不规则状的黄铁矿结核;煤层顶板全部为灰白色黏土,有时含砂质、无层理、多紊乱分布的植物根部化石;瘤状菱铁矿结核发育;石灰岩则多不纯,产腕足类、珊瑚、海百合等化石,往往为煤层对比的重要标志;

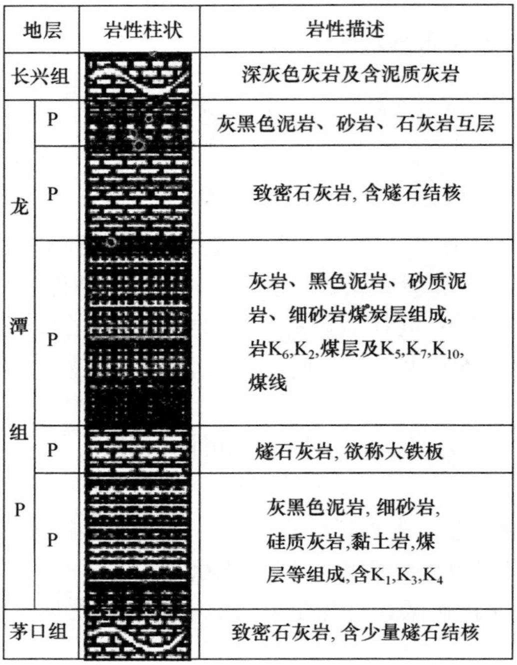

| 地层 | | 岩性柱状 | 岩性描述 |
|---|---|---|---|
| 长兴组 | | | 深灰色灰岩及含泥质灰岩 |
| 龙潭组 | P | | 灰黑色泥岩、砂岩、石灰岩互层 |
| | P | | 致密石灰岩,含燧石结核 |
| | P | | 灰岩、黑色泥岩、砂质泥岩、细砂岩煤炭层组成,岩$K_6$,$K_2$,煤层及$K_5$,$K_7$,$K_{10}$,煤线 |
| | P | | 燧石灰岩,欲称大铁板 |
| | P | | 灰黑色泥岩,细砂岩,硅质灰岩,黏土岩,煤层等组成,含$K_1$,$K_3$,$K_4$ |
| 茅口组 | | | 致密石灰岩,含少量燧石结核 |

图 6.1　龙潭煤系柱状示意图

Fig. 6.1　Synthesis column map of Long-tan coal series

煤系地层旋回结构清楚,无冲刷,为一在海滨湖沼环境下形成的海陆交互相含煤建造。

龙潭煤系明显可分为以下五段:

第一段:($P_2l^1$)由黑色、灰黑色页岩,砂质页岩,粉砂岩,灰色细粒砂岩,石灰岩,灰白色铝土质页岩,煤层,菱铁矿等组成,局部地区有以透镜状存在的鲕状铝土质岩,在基建时期于边界 909 石门中穿遇。本段层厚为 39.78～55.88m。

本段含煤共 3～5 层,厚度最大,最稳定的 $K_1$ 煤层即位于本段下部,其他煤层或仅见于局部地区,或落而不稳定,从下至上煤层编号分别为:$K_1$、$K_2$、$K_3$、$K_4$、$K_5$,其中 $K_1$ 全区可采,$K_3$、$K_4$ 局部可采,$K_5$ 不可采。

第二段:($P_2l^2$)灰、深灰色薄层至中厚层状燧石灰岩,上部燧石多,呈成层状分布,局部含硅质,硬度大,有铁板岩之称,厚 11.06～15.82m,岩性、厚度均很稳定,为煤层对比的重要标志。

第三段:($P_2l^3$)岩性与第一段十分相似,主要由灰黑色页岩、灰色石灰岩、煤层、菱铁矿层等组成,厚度 42.03～53.73m;区别于第一段处在于所夹石灰岩薄层较多,计有五层以上,但自下而上较均匀地分布于剖面中,岩性递变频繁。本段含煤三层,均集中于中部,从上至下编号为 $K_6$、$K_7$、$K_8$,其中仅 $K_6$ 局部可采,$K_7$、$K_8$ 均不可采。

第四段:($P_2l^4$)灰、棕灰色含燧石灰岩,中部层厚不足 0.1m 的黑色钙质页岩数层,因其不易风化,常形成陡岩,厚度为 28.70～36.18m。

第五段:($P_2l^5$)灰色含燧石石灰与灰黑色页岩,钙质页岩、灰色细粒砂岩薄层,由北石灰岩增厚,燧石含量增多,石灰岩富含铁质,风化面多呈黄褐色,厚度为 15.82～20.94m。

本区共有可采煤层四层,其中 $K_1$ 煤层全区可采,$K_3$、$K_4$、$K_6$ 煤层局部可采。$K_1$ 煤层厚为 1.03～5.86m,平均厚度为 2.92m;$K_3$ 煤层厚为 0.05～1.45m,平均厚度为 0.49m;$K_4$ 煤层厚为 0.09～1.22m,平均厚度为 0.61m;$K_6$ 煤层厚为 0～1.13m,平均厚度为 0.46m。

### 6.3.2　矿区地应力场分布的三维有限元数值计算

1) ANSYS 有限元软件简介

本书选择 ANSYS 有限元分析软件进行三维地应力场的计算。该软件将有限元的快速建模、网格的自动生成、分析结果的可操作性有机结合起来,实现了有限元分析的高度自动化,使用户进行有限元分析计算更方便。

ANSYS 软件主要包括三个部分[218]:前处理模块、分析计算模块和后处理模块。前处理模块提供了一个强大的实体建模及网格划分工具,用户可以方便地构造有限元模型;分析计算模块包括结构分析、流体动力学分析、电磁场分析、声场分析以及多物理场的祸合分析,可模拟多种物理介质的相互作用,具有灵敏度分析及优化分析能力;后处理模块可将计算机结果以彩色等值线显示、梯度显示、矢量显示、粒子流显示、立体切片显示、透明及半透明显示等图形方式显示出来,也可将计算结果以图表、曲线形式显示或输出。ANSYS 软件提供了 100 种以上的单元类型,用来模拟工程中的各种结构和材料模型。

ANSYS 的基本分析过程主要包括三个步骤:

(1) 创建有限元模型。

创建或读入几何模型

定义材料属性

划分网格

(2) 施加荷载并求解。

施加荷载及荷载选项、设定约束条件

求解

(3) 结果后处理。

查看分析结果

检验结果(分析是否正确)

2) 计算模型的建立

(1)地质模型。

由三汇矿区的地质资料可知,本书研究区域 $K_1$ 煤层(+770~+590m 标高)位于宝顶背斜东翼,且东翼地层完好,具体研究区域如图 6.2 所示。

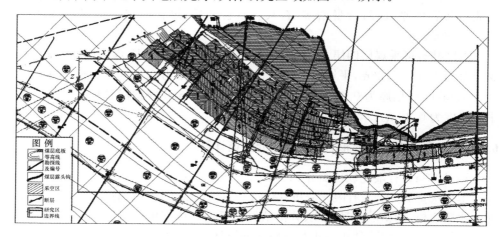

图 6.2　研究区域及其平面图

Fig. 6.2　Geologic map of the researched area

根据地质构造形成的力学机制[219],对于褶曲构造来说,该地区的最大水平应力方向往往与构造脊线走向垂直,而最小水平应力方向则与构造脊线走向近乎平行。综合考虑到模型边界加载及边界效应的影响,本书根据 $K_1$ 煤层底板等高线图、矿井上下对照图、勘探线剖面图及地层综合柱状图所建地质模型为:以北京坐标系中的(3327535,36366675,400)为坐标原点,沿最小水平应力方向(N45°E)取4000m,以该方向作为 $x$ 轴正方向;沿最大水平应力方向(E45°S)取 1500m,以该方向作为 $z$ 轴正方向;由+400m 标高水平向上延伸至地表,以竖直向上为 $y$ 轴正方向,如图 6.3 所示。如此建模和选取坐标系的目的一是为了消除边界效应,二是为了便于在模型边界施加地应力——因为 $x$ 和 $z$ 轴分别平行于最小水平地应力和最大水平地应力方向,所以最小水平地应力应平行于 $x$ 轴施加到模型边界面上,最大水平地应力应平行于 $z$ 轴施加到模型边界面上。

(2)材料参数。

ANSYS 有限元程序提供了几十种材料模型,主要包括弹性、弹塑性、蠕变、黏塑性、黏弹性、超弹性、非线性弹性、岩土和混凝土、膨胀材料、垫片材料、铸铁材料等。本书根据实际需要选用的是 D-P 弹塑性材料模型,屈服条件采用的是 Drucker-Prager 准则。

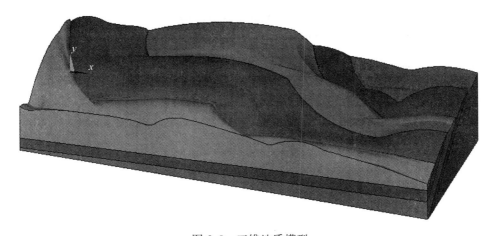

图 6.3　三维地质模型

Fig. 6.3　3D geological model

D-P 材料模型考虑了由于屈服而引起的体积膨胀,但不考虑温度变化的影响。此材料选项适用于混凝土、岩石和土壤等颗粒状材料。D-P 材料选项中,需要输入的有六个参数:弹性模量 $E$、密度 $\rho$、泊松比 $\gamma$、内聚力 $c$,内摩擦角 $\varphi$ 以及膨胀角 $\varphi_f$。膨胀角 $\varphi_f$ 在屈服过程中影响土体的体积变化,由于膨胀角对本次模拟矿区地应力时的变形没有多大影响,在计算时假定地层没有体积变化,所以取 $\varphi_f=0$ 计算。

在计算岩层的弹性模量 $E$、密度 $\rho$、泊松比 $\gamma$、内聚力 $c$ 及内摩擦角 $\varphi$ 时,必须考虑研究区内的所有地层各自的产状、岩性、厚度等。为了简化计算和提高精度,可以将岩性基本一致的岩层复合为一个复合岩层,相应的各复合岩层的物理力学参数根据复合岩层中各组分岩层的物理力学参数按其厚度进行加权平均处理计算获得,即

$$K = \frac{\sum\limits_{i=1}^{n} k_i h_i}{\sum\limits_{i=1}^{n} h_i} \tag{6.3}$$

式中,$K$ 为相应复合岩层中第 $i$ 分层的某物理力学参数在该复合岩层的加权平均值;$K_i$ 为相应复合岩层中第 $i$ 分层的某物理力学参数;$h_i$ 为相应复合岩层中第 $i$ 分层的厚度;$n$ 为相应复合岩层中所包含的地质自然分层数。

经过复合后得到了模拟区六种岩土介质类型,其五个物理力学参数见表 6.1。

**表 6.1 岩层划分及其物理力学参数**

**Table 6.1 Classification of terrenes and their physical-mechanical parameters**

| 复合岩层 | 岩层名称 | 厚度/m | 密度/(kg/m³) | 弹性模量/GPa | 泊松比 | 黏聚力/MPa | 内摩擦角/(°) |
|---|---|---|---|---|---|---|---|
| T₁f | 灰色页岩 | 20 | 2598 | 4.982 | 0.24 | 11.27 | 26.4 |
| | 深灰色页岩 | 15 | 2595 | 4.985 | 0.26 | 11.24 | 26.7 |
| | 灰黑色页岩 | 7 | 2597 | 4.988 | 0.27 | 11.23 | 26.3 |
| 平均值 | | 42 | 2597 | 4.984 | 0.25 | 11.25 | 26.5 |
| P₂c | 石灰岩 | 16 | 2579 | 7.269 | 0.31 | 10.53 | 26.5 |
| | 黑色页岩 | 12 | 2704 | 51.993 | 0.25 | 24.35 | 36.5 |
| | 石灰岩 | 18 | 2679 | 7.698 | 0.29 | 9.83 | 22.7 |
| 平均值 | | 46 | 2651 | 19.104 | 0.29 | 13.86 | 27.6 |
| P₂l | 页岩 | 4 | 2643 | 47.229 | 0.28 | 16.38 | 28.9 |
| | 细砂岩 | 9 | 2549 | 6.527 | 0.36 | 12.68 | 18.9 |
| | 砂质页岩 | 13 | 2713 | 48.635 | 0.19 | 27.64 | 29.6 |
| | 砂岩 | 6 | 2485 | 5.473 | 0.36 | 18.7 | 17.3 |
| | 灰白砂岩 | 10 | 2781 | 64.474 | 0.25 | 32.96 | 24.7 |
| | 灰黑色页岩 | 15 | 2529 | 6.127 | 0.27 | 13.2 | 16.5 |
| 平均值 | | 57 | 2622 | 28.937 | 0.27 | 20.68 | 22.3 |
| K₁ | K₁煤层 | 3 | 1420 | 1.000 | 0.33 | 0.80 | 20.0 |
| P₁m³⁺⁴ | 深灰色泥岩 | 15 | 2673 | 47.229 | 0.17 | 18.29 | 26.3 |
| | 灰色页岩 | 18 | 2677 | 6.316 | 0.26 | 13.8 | 17.2 |
| | 钙质页岩 | 23 | 2709 | 48.756 | 0.22 | 27.33 | 28.4 |
| 平均值 | | 56 | 2689 | 34.706 | 0.22 | 20.56 | 24.2 |
| P₁m¹⁺² | 铝土页岩 | 10 | 2740 | 53.861 | 0.27 | 19.5 | 26.9 |
| | 角砾岩 | 30 | 1960 | 15.092 | 0.27 | 18.7 | 24.0 |
| | 石灰岩 | 50 | 2645 | 37.692 | 0.12 | 23.85 | 26.0 |
| 平均值 | | 90 | 2427 | 31.955 | 0.19 | 21.65 | 25.4 |

（3）网格划分。

对模型进行有限单元网格划分时,在遵循细分网格以满足计算精度、粗分网格以减少计算工作量的总原则的基础上,根据所用计算机的条件,考虑单元形状的规则性以及迁就地质构造的延伸等诸多因素,从而给出最为恰当的,既满足精度要求又不至于付出过多计算时间。因此,在划分网格单元时,本书考虑在煤层附近的单元划分得细密些,在模型边界上和靠近边界的地方网格单元划分得粗些。

　　在遵循上述有限元网格划分的基础上,根据地质构造模型各地层的材料模型,本书选用由八个节点结合而成的 Solid45 三维实体结构模型单元,分别通过各自体元自动划分有限单元网格如图 6.4 所示,整个模型划分出 913104 个单元,160350 个节点。

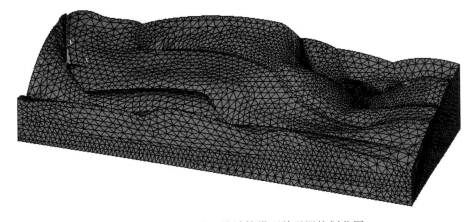

图 6.4　三汇一矿三维计算模型单元网格划分图

Fig. 6.4　Mesh of finite element for 3D computational model

　　(4) 边界条件。

　　在进行有限元模拟时,是将取出一定范围的地质体作为研究对象进行模拟分析,而所取的研究对象是赋存于一定的地质环境中的,即作为研究对象的地质体与周围的地质体之间存在相互作用。在建立计算模型时,这种相互作用通过边界条件的设定来反映。因此,边界条件选取的合理与否将影响到计算结果的可靠性。连续介质静力学模型的边界条件包括三种类型:第 1 种是应力边界,即给定物体表面上的面力或集中力;第 2 种是位移边界,即边界上各点的位移分量是已知的,它既可为定值,亦可为 0 或在某些方向上为 0,当位移边界上某些方向的位移量为 0 时就是通常所称的约束;第 3 种是混合边界,即在边界某些方向已知位移而在另外一些方向上为已知边界力。在地质问题的分析中,边界力的大小和方向常具有未知性,需要采用一定的假设条件或通过反演分析才能定量化。位移边界,特别是 0 位移边界(约束边界)是计算模型中不可缺少的,没有约束的计算模型在不平衡力的作用下将产生平动或转动。混合边界则主要是为了减少边界效应而被采用的。

　　在本次地应力场三维数值模拟研究中,边界条件定为:模型的底边界面 $y$ 方向约束,模型的后边界面 $z$ 方向约束,模型的左边界面 $x$ 方向约束,模型的上边界面为自由边界;模型的前边界面和模型的右边界面为已知应力边界。

　　已知应力边界实际上要确定边界上的地应力,一般情况下,该地应力主要由自重应力的水平侧压分力 $\sigma_g$ 和构造应力 $\sigma_h$ 两部分构成。

其中,自重侧压应力分量 $\sigma_g$ 可根据下述理论计算公式直接确定:

$$\sigma_g = \frac{\nu}{1-\nu}\gamma h \tag{6.4}$$

式中,$\nu$ 和 $\gamma$ 为整个矿区计算范围内出露的所有岩层的泊松比 $\nu_i$ 和容重 $\gamma_i$ 按其厚度进行加权平均处理后,所确定的平均泊松比和平均容重;$h$ 是距离地表的深度。

而对于水平构造应力分量 $\sigma_h$ 的大小,则要根据多个岩体原始地应力的测试值采用试算法予以确定。即选取若干个大小不同的水平构造应力分量作为试算值进行试算,当其中某一水平构造应力分量试算后所获取的与地应力检测点相应位置上的地应力大小和方向都近似地与实际检测的原始地应力状态的大小和方向吻合时。那么,该水平构造应力分量即被认为是作用于该边界上的水平构造应力分量。目前,几乎找不到研究区的地应力资料,而要钻孔来较准确地测得矿区地应力,则要花费较长时间。因此,本书借鉴文献[220]研究成果,对同处华蓥山山脉的三汇一矿的最大水平构造应力取为 8.0MPa,最小水平构造应力取为 4.0MPa。依据以上原则,对模型施加的边界条件如图 6.5 所示。

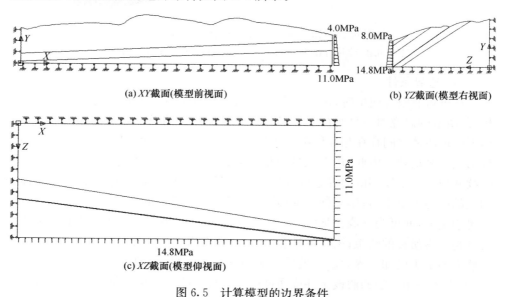

(a) $XY$ 截面(模型前视面)　　　　　　　　(b) $YZ$ 截面(模型右视面)

(c) $XZ$ 截面(模型仰视面)

图 6.5　计算模型的边界条件

Fig. 6.5　The constraint conditions for computational model

(5) 计算结果及分析。

对上述计算模型计算完成后,数据经后处理得到了部分地应力分布图,如图 6.6~6.13 所示。

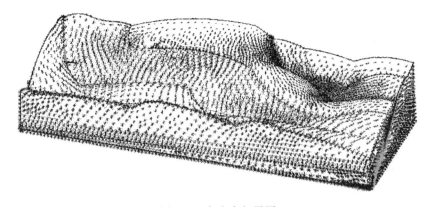

图 6.6　主应力矢量图

Fig. 6. 6　Vectogram of principal stresses

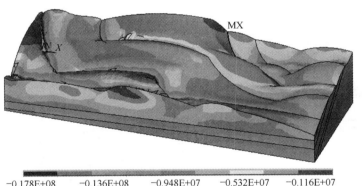

| −0.178E+08 | | −0.136E+08 | | −0.948E+07 | | −0.532E+07 | | −0.116E+07 |
| | −0.157E+08 | | −0.116E+08 | | −0.740E+07 | | −0.324E+07 | | 922222 |

(a) X方向

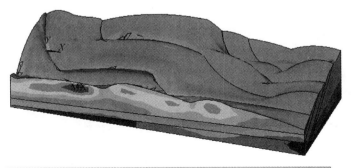

| −0.145E+08 | | −0.850E+07 | | −0.250E+07 | | 0.350E+07 | | 0.950E+07 |
| | −0.115E+08 | | −0.550E+07 | | 500000 | | 0.650E+07 | | 0.125E+08 |

(b) Y方向

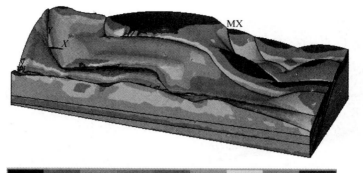

-0.323E+08　　-0.251E+08　　-0.179E+08　　-0.106E+08　　-0.341E+07
　　-0.287E+08　　-0.215E+08　　-0.142E+08　　-0.702E+07　　200000

(c) Z方向

图 6.7　沿坐标轴方向的正应力图(单位:Pa)

Fig. 6.7　Contour of stress along coordinate axis direction

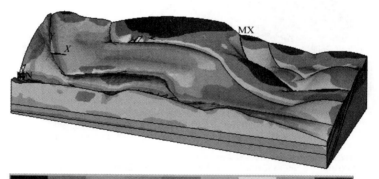

-0.351E+08　　-0.273E+08　　-0.195E+08　　-0.117E+08　　-0.390E+07
　　-0.312E+08　　-0.234E+08　　-0.156E+08　　-0.780E+07　　0

(a) 最大主应力

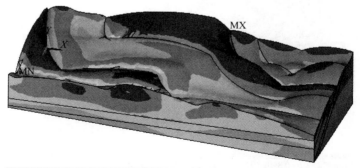

-0.315E+08　　-0.245E+08　　-0.175E+08　　-0.105E+08　　-0.350E+07
　　-0.280E+08　　-0.210E+08　　-0.140E+08　　-0.700E+07　　0

(b) 中间主应力

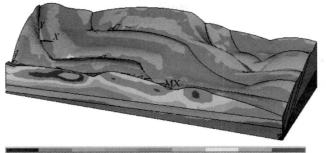

-0.132E+08　　　-0.804E+07　　　-0.289E+07　　　0.227E+07　　　0.742E+07
　　-0.106E+08　　　-0.547E+07　　　-311111　　　0.484E+07　　　0.100E+08

(c) 最小主应力

图 6.8　主应力图(单位:Pa)

Fig. 6.8　Contours of principal stresses

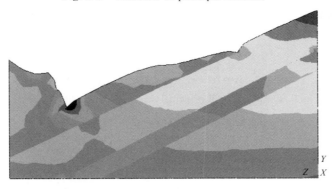

-0.290E+08　　　-0.226E+08　　　-0.161E+08　　　-0.967E+07　　　-0.322E+07
　　-0.258E+08　　　-0.193E+08　　　-0.129E+08　　　-0.644E+07　　　0

(a) 最大主应力

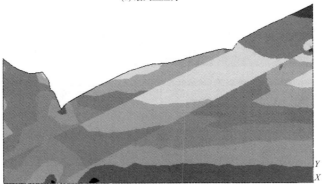

-0.171E+08　　　-0.133E+08　　　-0.950E+07　　　-0.570E+07　　　-0.190E+07
　　-0.152E+08　　　-0.114E+08　　　-0.760E+07　　　-0.380E+07　　　0

(b) 中间主应力

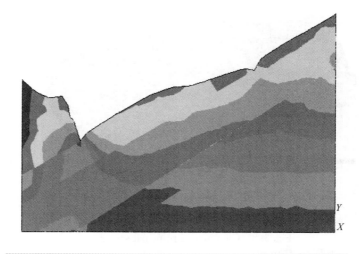

(c) 最小主应力

图 6.9　$X=2000$m 截面主应力等值图(单位:Pa)

Fig. 6.9　Contours of principal stresses for $X=2000$m section

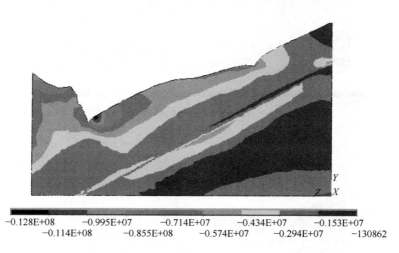

(a) $X=2000$m

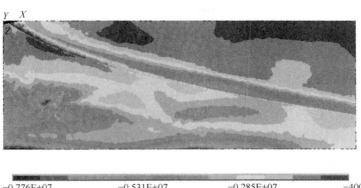

-0.776E+07　　　　-0.531E+07　　　　-0.285E+07　　　-400775
　　　-0.653E+07　　　-0.408E+07　　　-0.163E+07

(b) X=280m

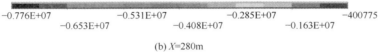

-0.634E+07　　-0.657E+07　　-0.481E+07　　-0.304E+07　　-0.127E+07
　-0.746E+07　　-0.569E+07　　-0.392E+07　　-0.216E+07　　-389916

(c) X=775m

图 6.10　典型剖面最大剪应力等值图(单位：Pa)

Fig. 6.10　Contours of the maximum shear stress of different sections

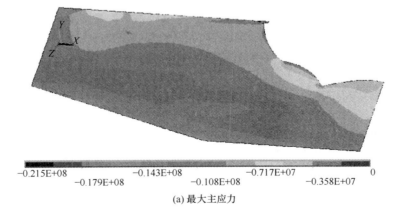

-0.215E+08　　　　-0.143E+08　　　-0.717E+07　　　　0
　-0.179E+08　　　-0.108E+08　　　-0.358E+07

(a) 最大主应力

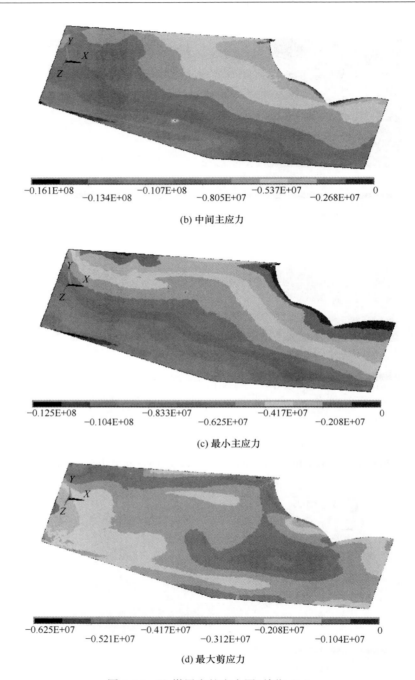

(b) 中间主应力

(c) 最小主应力

(d) 最大剪应力

图 6.11　K$_1$ 煤层中的应力图(单位:Pa)

Fig. 6.11　Contours of stress for K$_1$ coal seam section

图 6.6 为主应力矢量图,分析该图可知,模拟区内最大主应力方向在浅部多为近水平向,深部多为竖直向。各主应力方向随着地形的起伏有所偏转,但总体上水平最大应力和最小应力方向与区域一致,且各主应力都为压应力。

通过对计算模型的最大主应力 $\sigma_1$、中间主应力 $\sigma_2$ 及最小主应力 $\sigma_3$ 分布规律的综合分析(图 6.7~6.10 所示)可以发现,三汇一矿范围内主应力 $\sigma_1$、$\sigma_2$ 及 $\sigma_3$ 的分布规律具有以下几个特点。

(1) 在整个矿区内,主应力 $\sigma_1$、$\sigma_2$ 及 $\sigma_3$ 几乎全为压应力,这说明整个矿区内的煤岩体都处于复杂的三维压应力状态。而最大主应力 $\sigma_1$ 和最小主应力 $\sigma_3$ 的方向,除局部区域受岩性交界面及地表的影响之外,基本上都近乎于与水平方向平行,中间主应力 $\sigma_2$ 方向则近乎于与水平方向相垂直。由此说明,矿区最大主应力 $\sigma_1$ 和最小主应力 $\sigma_3$ 主要为水平构造应力,中间主应力 $\sigma_2$ 主要为自重应力。

(2) 由于最大主应力 $\sigma_1$ 和最小主应力 $\sigma_3$ 方向均与水平方向近似一致,而中间主应力 $\sigma_2$ 与水平方向近乎垂直,因此,在接近地表的浅部区域,最大主应力 $\sigma_1$ 和最小主应力 $\sigma_3$ 一般可不为零,而中间主应力 $\sigma_2$ 则将趋近于零。也就是说,最大主应力 $\sigma_1$ 等值线和最小主应力 $\sigma_3$ 等值线将有可能在地表某处歼灭,而中间主应力 $\sigma_2$ 的等值线在地表附近区域的起伏程度将与地表地形曲线的起伏相类似。

(3) 在地层的浅部,地应力分布受地表起伏的影响较大,与地表山坡的地形变化密切相关。一般而言,由于受到山坡自重应力的影响,在山坡谷底的地表层附近,主应力较大,主应力梯度也较大,有应力集中现象;而在凸起的山坡地表下,主应力则相对减小,主应力梯度也较小。

(4) 主应力 $\sigma_1$、$\sigma_2$ 及 $\sigma_3$ 均随着埋深的增加而增大,各主应力在同一岩层中沿铅垂方向的变化呈近似线性增加,但在材料参数相差较大的复合岩层之间要发生一定的突变,这种突变是与复合岩层的材料参数密切相关。

分析矿区各计算剖面上的最大剪应力 $\tau_{max}$ 分布规律,如图 6.10 所示,可以看出,最大剪应力 $\tau_{max}$ 沿深度的变化规律有下述几个特点。

(1) 在地表浅层的大部分区域,最大剪应力 $\tau_{max}$ 仍受地表山坡地形的影响,在地表山谷地带,最大剪应力 $\tau_{max}$ 相对较大,其变化梯度也较大,在地表凸起地带,最大剪应力 $\tau_{max}$ 则相对较小。

(2) 在各复合岩层之间的交界面处,由于各复合岩层的岩性参数不同,而且,其交界面又是牢固黏结,故最大剪应力 $\tau_{max}$ 在该区域具有较大的变化梯度。尤其是在 $K_1$ 煤层和 $P_1m$ 及 $P_1l$ 复合地层交界面处,由于两种岩性是一软一硬,在其交界面附近引起较大的剪应力集中。

此外,考虑到矿区内的煤层是本书研究的主要对象,本书从计算模型中剖分出煤层面,分析该煤层面上的最大主应力 $\sigma_1$、中间主应力 $\sigma_2$、最小主应力 $\sigma_3$、最大剪应力 $\tau_{max}$ 的分布规律,如图 6.11 所示,其各主应力分布具有以下规律。

（1）本计算区域处于宝顶背斜东翼，计算时忽略了断层影响，因此从图中可以看到各主应力没有明显的应力集中现象。并且，其主应力 $\sigma_1$、$\sigma_2$ 及 $\sigma_3$ 之值均随煤层埋深的增大而增加。

（2）由于煤层倾向有所扭转，由东南向折转为近正南向，因此在扭折带区域导致一定程度的地应力集中现象。一般而言，在同一埋深时，西南区域的地应力之主应力 $\sigma_1$、$\sigma_2$ 及 $\sigma_3$ 的值较其东北区域要大一些。

（3）在煤层浅部，各主应力大小受地表地形的影响，在地形凹陷区域，有应力集中现象，而在地形凸起区域，应力值较小；同时，在深部区域主应力 $\sigma_1$、$\sigma_2$ 及 $\sigma_3$ 的大小随上覆岩层厚度的起伏有所波动。

（4）从图中的最大剪应力分布来看，其值分布较复杂，但在煤层倾向发生扭转的区域，则明显有一个应力集中区。

### 6.3.3　矿区煤与瓦斯突出危险性区域划分

1）矿区煤与瓦斯突出概况

三汇矿区的大地构造位置处于新华夏系第三沉降带川东褶皱带西缘之华蓥山帚状褶皱带的收敛端，是我国煤与瓦斯突出发生次数最多、所造成的灾害也是最严重的矿山之一。该矿区的煤与瓦斯突出不但发生的次数多、突出强度大，且已开采的煤层均属于煤与瓦斯突出煤层。我国最大的一次煤与瓦斯突出就于 1975 年 8 月 8 日发生在该矿区的三汇一矿，其突出煤量达 12780 余吨，突出瓦斯达 140 万立方米，居世界第二位。表 6.2 是 1951 年以来三汇矿区煤与瓦斯突出统计总表。表 6.3 是主采 $K_1$ 煤层的煤与瓦斯突出统计情况。

表 6.2　三汇矿区煤与瓦斯突出情况统计总表

Table 6.2　Statistics form on coal and gas outburst in San-hui coal mine

| 矿井名称 | 突出次数/次 | 总突出煤量/t | 平均突出煤量/t | 最大突出煤量/t | 始突深度/m |
|---|---|---|---|---|---|
| 三汇一矿 | 39 | 19304 | 495 | 12780 | 300 |
| 三汇二矿 | 8 | 7261 | 908 | 5000 | — |
| 三汇三矿 | 30 | 1947 | 65 | 878 | 240 |
| 全区合计 | 77 | 28512 | 370 | 12780 | 240～300 |

表 6.3　三汇矿区 $K_1$ 煤层煤与瓦斯突出情况统计表

Table 6.3　Statistics form on coal and gas outburst of $K_1$ coal seam in San-hui coal mine

| 编号 | 突出地点 | 煤厚/m | 突出煤量/t | 突出瓦斯量/m³ | 垂深/m | 地质情况 |
|---|---|---|---|---|---|---|
| 1 | +240m 水平北 $CC_3$ 南么碉 | 3.4 | 120 | 10760 | 280 | 小断层 |

续表

| 编号 | 突出地点 | 煤厚/m | 突出煤量/t | 突出瓦斯量/m³ | 垂深/m | 地质情况 |
|---|---|---|---|---|---|---|
| 2 | +240m 水平北 CC₃ K₁ 底巷 | 3.12 | 878 | 10926 | 280 | 断层带内 |
| 3 | +280m 水平主平硐 1150m 处 | 2.0 | 12780 | 1400000 | 520 | $F_{14-4}$ 断层下盘 |
| 4 | +280m 水平主平硐 1200m 处 | 1.5 | 2807 | 600000 | 550 | $F_{14-4}$ 断层上盘 |
| 5 | +465m N₂ 采区 +580m K₁ 机巷 | 2.8 | 30 | 108 | 300 | — |
| 6 | 2124 采面 +380m 机巷 | 2.5 | 418 | 16000 | 875 | 采保护区延迟突出 |
| 7 | +280m N₂ 采区 2127 工作面 | 2.05 | 550 | 61012 | 700 | |
| 8 | +280m 平硐皮带上山斜高 560m 处 | 断层煤块 | 5000 | 445000 | 600 | 断层带宽 50m |
| 9 | +779～+819m1128 切眼(+795m 处) | 2.2 | 68 | 952 | 310 | 应力集中带 |
| 10 | +779～+819m S₂ 采区 1127 面(+805 段) | 2.3 | 57 | 8200 | 300 | 应力集中带 |
| 11 | +725m S₃ 采区 2131 机巷小斜坡 | 2.5 | 308 | 2970 | 375 | — |
| 12 | +725m S₃ 采区 2131 机巷 | 2.2 | 881 | 12000 | 375 | — |
| 13 | 2132 机巷(距 S₃ 石门 210m) | 1.8 | 30 | 2500 | 304 | |
| 14 | 2124 机巷 | 2.2 | 57 | 8250 | — | 应力集中带 |
| 15 | 2124 机巷(距 S₂ 石门 108.6m) | 3.17 | 860 | 63920 | — | — |

　　从以往的突出情况分析来看,K₁煤层煤与瓦斯突出具有以下几点基本特征:①煤与瓦斯突出发生的次数多,且强度大;②由于矿区处于华蓥山帚状褶皱带的收敛端,K₁煤层的突出大都受断层等地质结构影响;③按突出强度划分,以中小型突出为主;④按突出巷道类别划分,以机巷和平硐突出次数最多;⑤煤层厚度越大,突

出的危险性越大。

2）研究区断层分布

由于断层的存在，其邻近区域煤岩体中的地应力状态也将要发生明显的变化，形成相对地应力集中。分析我国煤与瓦斯突出一般规律可以看出，贯穿煤层的断层带的邻近区域是煤与瓦斯突出事故集中发生的区域之一。因此，在对煤与瓦斯突出危险性区域进行划分时，区域内的断层构造是必须考虑的一个重要影响因素。从地质图上可见本研究区分布有 $F_{62}$ 走向逆断层和 $F_{63}$ 斜向逆断层。

$F_{62}$ 走向逆断层南起于 8 勘探线，北止于独田，全长 800m。由于该断层切割煤层在浅部，有的已是采空区，故对今后开采影响甚微。

$F_{63}$ 斜向逆断层南起 8 勘探线以南，北止于独田，全长 1700m。该断层向深部切割煤层，被切割煤层最大落差约 50m。此断层断距虽不大，但因切割煤层，对今后开采有一定影响。在矿井建设施工过程中，均见有 $F_{63}$ 断层的痕迹，表现为茅口灰岩层间滑动、岩体破碎、裂隙发育。该断层在煤系地层中延伸段，现未揭露，但在今后生产过程中，须引起注意，这是煤与瓦斯突出易发区域。

矿区 $K_1$ 煤层的已突出点（对应表 6.3 中的编号）及断层分布见图 6.12 所示。从图中可看出，在 $F_{63}$ 斜向逆断层的歼灭部附近有一个大型突出，其他突出点呈条带状分布。

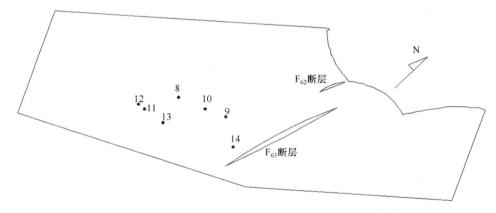

图 6.12　三汇一矿 $K_1$ 煤层煤与瓦斯突出点及断层分布图

Fig. 6.12　Distribution schematic diagram of coal and gas outburst and faultage in $K_1$ coal seam

3）矿区煤与瓦斯突出危险性区域划分

根据对三汇一矿 $K_1$ 煤层所在区域煤岩力学性质的具体研究，其稳定性系数 $R$ 的数学表达式为

$$R = \frac{1.3}{\sigma_3 - \delta p} \tag{6.5}$$

或　　　　　　$$R = \frac{0.1(I_1 - 3\delta p) + 0.7}{\sqrt{J_2}}, \quad (1.3 < I_1 \leqslant 78.5) \quad\quad (6.6)$$

或　　　　　　$$R = \frac{[0.1(I_1 - 3\delta p) + 0.7]^2}{J_2 + (I_1 - 78.5)^2}, \quad (78.5 \leqslant I_1) \quad\quad (6.7)$$

式中符号意义同前。

　　通过对矿区地应力计算结果分析发现,矿区第一应力不变量 $I_1$ 满足:1.3MPa$< I_1 \leqslant$78.5MPa,因此煤层稳定性系数 $R$ 用式(6.6)进行计算,其计算结果分布如图 6.13 所示。此外,由式(6.2)计算得到的煤层潜在能量密度 $W$ 分布则如图 6.14所示。

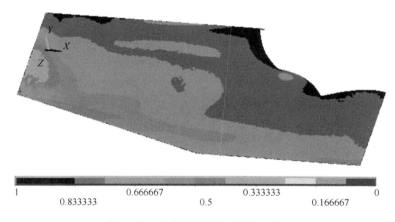

图 6.13　$K_1$煤层稳定性系数 $R$ 分布

Fig. 6.13　Distribution schematic diagram of coefficient of stability $R$ in $K_1$ coal seam

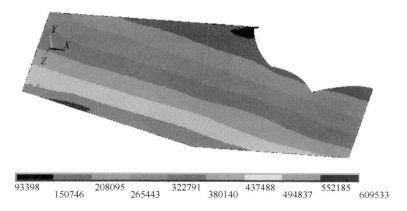

图 6.14　$K_1$煤层能量密度 $W$ 分布

Fig. 6.14　Distribution schematic diagram of energy density $W$ in $K_1$ coal seam

　　从图 6.13、图 6.14 中可看出,随着煤层埋深的增加,稳定性系数 R 有减小的趋势,而能量密度却在增大。同时,从图 6.13 中还可看出,三汇一矿的稳定性系数 R 均小于 1.0,即 $K_1$ 煤层均属于突出煤层,这与实际情况相符。此外,可以明显看到在煤层倾向发生扭转的区域,稳定性系数亦有一个扭转,煤层西南区域的稳定性系数较之同一水平的东北区域小一些,这也与煤层地应力场分布规律吻合。

　　结合图 6.13、图 6.14 中煤层稳定性系数 R 和煤层潜在能量密度 W 分布规律,并综合考虑断层构造的影响及现有突出统计资料,对三汇一矿 $K_1$ 煤层煤与瓦斯突出潜在危险区进行了具体划分。在划分过程中,发现 $K_1$ 煤层稳定性系数均小于 0.9,依据突出潜在危险区预测的基本原则和方法,该煤层均处于非稳定状态。从力学角度出发,综合考虑煤层稳定性系数和潜在能量密度,又将稳定性系数 $R=0.75$ 为界,将 R 值小于 0.75 的区域划分为突出危险区,将 R 值大于 0.75 而小于 0.9 的区域划分为突出威胁区,同时注意到断层对突出的影响,将断层两侧各 200m 的范围也划分为突出危险区,如图 6.15 所示。

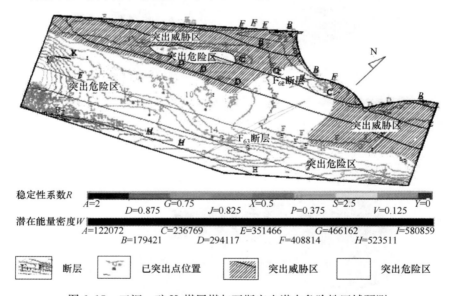

图 6.15　三汇一矿 $K_1$ 煤层煤与瓦斯突出潜在危险性区域预测

Fig. 6.15　Predication of potential danger region of coal and gas outburst in $K_1$ coal seam

　　从图 6.15 中可以看出,三汇一矿 $K_1$ 煤层已发生煤与瓦斯突出的位置分布与划分出来的突出危险性区域基本吻合,即已发生过煤与瓦斯突出的地点均处于地应力较高,稳定性系数低,潜在能量密度较大的突出危险区域。由此说明,本书用于含瓦斯煤岩岩体稳定性分析的基本观点、所采用的分析方法以及所选用的判据基本上是正确的,所获得的各类数据也都基本上真实可靠,可以用于合理地预测目前开采水平以下各区域的煤与瓦斯突出潜在危险性。

# 6.4　本 章 小 结

本章对工作面前方含瓦斯煤岩体破坏失稳力学作用过程进行了分析,修正了含瓦斯煤岩体稳定性判据(强度判据及能量判据),并以重庆天府矿业有限责任公司三汇一矿 $K_1$ 煤层为研究对象,结合该矿区三维地应力场的数值模拟计算,对其煤与瓦斯突出潜在危险性区域进行了划分。所做工作及主要结论如下。

(1)对工作面前方含瓦斯煤岩体破坏失稳力学作用过程进行了分析。分析表明,含瓦斯煤岩体失稳形成动力效应前首先经历了一个强度破坏过程,正是由于含瓦斯煤岩体经历了强度破坏形成极限平衡区以后,遇特殊条件才被激发失稳,失稳后使得煤岩体中积聚的弹性应变能和瓦斯内能等得以释放而将失稳煤岩体破碎并抛出。

(2)对含瓦斯煤岩体稳定性判据(强度判据及能量判据)进行了修正。基于有效应力原理,并考虑吸附瓦斯及温度对其影响,对含瓦斯煤岩体稳定性强度判据及能量判据修正如下。

修正的强度判据

$$
\begin{cases}
R = \dfrac{\sigma_t}{\sigma_3 - \delta p} \\[2mm]
R = \dfrac{\alpha(I_1 - 3\delta p) + K}{\sqrt{J_2}}, \quad (\sigma_t < I_1 \leqslant I_0) \\[2mm]
R = \dfrac{[\alpha(I_1 - 3\delta p) + K]^2}{J_2 + (I_1 - I_0)^2}, \quad (I_0 < I_1) \\[2mm]
\delta = \dfrac{E}{3}(1 - \varphi)\left(\dfrac{\varepsilon_{\max}}{p + p_{50}} + \dfrac{\beta_T T}{p}\right) + \varphi
\end{cases}
$$

修正的能量判据

$$
W = W_g + W_E = \frac{1}{2} p \left\{ \exp(\beta_T \Delta T + 2 - \sqrt{4 - 2\beta_T \Delta T}) - 1 \right\} + \lambda \left(\frac{p_0}{p}\right) \frac{6Q_0}{\sqrt{\pi}(n-1)} \left(\frac{4Dt}{d^2}\right)^n
$$

$$
+ \frac{1}{2E_0}\left[(\sigma_1'^2 + \sigma_2'^2 + \sigma_3'^2) - 2\nu(\sigma_1'\sigma_2' + \sigma_2'\sigma_3' + \sigma_3'\sigma_1')\right]
$$

(3)通过建立三汇一矿 $K_1$ 煤层的三维计算模型,采用 ANSYS 有限元方法对矿区初始地应力场进行了计算,较好地获得了矿区初始地应力场的三维分布规律,为进一步分析预测矿区煤与瓦斯突出的潜在危险性提供了参考,也可作为井巷设计与施工的依据。

(4)通过对地应力场的三维计算。结果表明,三汇一矿煤岩体处于复杂的三维压应力状态,矿区最大主应力 $\sigma_1$ 和最小主应力 $\sigma_3$ 主要为水平构造应力,中间主应力 $\sigma_2$ 主要为自重应力,最大主应力的方向与区域内存在的地质构造运动密切相关。

(5) 计算精度是数值模拟关心的问题,合理建立三维地质模型及确定边界条件等能使模拟结果更加接近于实际值。本书将地质模型建至地表,能够反映地形地貌对初始地应力场的影响。但地应力场影响因素复杂,本书在尽可能提高数值计算精度的基础上,所获得的研究成果只反映三汇一矿地应力场分布的大体趋势。

(6) 依据修正的含瓦斯煤岩体稳定性强度判据及能量判据,结合矿区三维地应力场数值模拟计算,对三汇一矿 $K_1$ 煤层的煤与瓦斯突出潜在危险性区域进行了划分。结果显示,三汇一矿 $K_1$ 煤层已发生煤与瓦斯突出的位置分布与划分出来的突出危险性区域基本吻合,即已发生过煤与瓦斯突出的地点均处于地应力较高,稳定性系数低,潜在能量密度较大的突出危险区域。由此说明,本书用于含瓦斯煤岩体稳定性分析的基本观点、所采用的分析方法以及所选用的判据基本上是正确的,所获得的各类数据也都基本上真实可靠,可以用于合理地预测目前开采水平以下各区域的煤与瓦斯突出潜在危险性。

# 参 考 文 献

[1] 李建铭,等.煤与瓦斯突出防治技术手册[M].北京:中国矿业大学出版社,2006.

[2] 柴兆喜.各国煤和瓦斯突出概况[J].世界煤炭技术,1984,34(4):24-27.

[3] 程五一,张序明,吴福昌.煤与瓦斯突出区域预测理论及技术[M].北京:煤炭工业出版社,2005.

[4] 马雷哈夫 Ю Н,艾鲁尼 А Т,胡金 ЮЛ,等.煤与瓦斯突出预测方法和防治措施[M].魏风清,张建国译.北京:煤炭工业出版社,2003.

[5] 重庆煤炭科学研究所.煤、岩石和煤瓦斯突出(国外资料汇编)[M].重庆:科学技术文献出版重庆分社,1978,1979,1980.

[6] 孙万禄.中国煤层气盆地图集[M].北京:地质出版社,2006.

[7] 国家煤矿安全监察局人事司.全国煤矿特大事故案例选编[M].北京:煤炭工业出版社,2000.

[8] 杨力生.全国煤矿瓦斯地质编图研究成果初步总结[J].焦作工学院学报,1997,16(2):6-11.

[9] 宋世钊,王佑安.煤与瓦斯突出机理[M].北京:中国工业出版社,1966.

[10] 李军涛.煤与瓦斯突出的规律和特征[J].中国煤炭,2005,31(7):41-44.

[11] 张仕和.煤与瓦斯突出机理的探讨[J].中国煤炭,2006,32(6):38-40.

[12] 于不凡,王佑安.煤矿瓦斯灾害防治及利用技术手册[M].北京:煤炭工业出版社,2000.

[13] 周世宁,何学秋.煤和瓦斯突出机理的流变假说[J].中国矿业大学学报,1990,(2):1-9.

[14] 李萍丰.浅谈煤与瓦斯突出机理的假说——二相流体假说[J].煤矿安全,1989,(11):29-35.

[15] 梁冰,章梦涛,潘一山,等.煤和瓦斯突出的固流耦合失稳理论[J].煤炭学报,1995,20(5):492-496.

[16] 蒋承林,俞启香.煤与瓦斯突出机理的球壳失稳假说[J].煤矿安全,1995,16(2):17-25.

[17] 俞善炳,郑哲敏,谈庆明,等.含气多孔介质的卸压破坏及突出的极强破坏准则[J].力学学报,1997,29(6):641-646.

[18] 俞善炳,郑哲敏,谈庆明,等.含气多孔介质卸压层裂的间隔特征——突出的前兆[J].力学学报,1998,30(2):145-150.

[19] 苏现波,刘保民.煤层气的赋存状态及其影响因素[J].焦作工学院学报,1999,18(3):157-160.

[20] 陈昌国,辜敏,鲜学福.煤层甲烷吸附与解吸的研究与发展[J].中国煤层气,1998,(1):27-29.

[21] 王恩元,何学秋.瓦斯气体在煤体中的吸附过程及其动力学机理[J].江苏煤炭,1996,(3):17-19.

[22] 陈昌国,鲜晓红,杜云贵,等.煤吸附与解吸甲烷的动力学规律[J].煤炭转化,1996,19(1):

68-71.

[23] 梁冰. 温度对煤的瓦斯吸附性能影响的试验研究[J]. 黑龙江矿业学院学报,2000,10(1):20-22.

[24] 刘保县,鲜学福,徐龙君,等. 地球物理场对煤吸附瓦斯特性的影响[J]. 重庆大学学报,2000,23(5):78-81.

[25] 何学秋,张力. 外加电磁场对瓦斯吸附解吸的影响规律及作用机理的研究[J]. 煤炭学报,2000,25(6):614-618.

[26] Gray I. The mechanism of energy release associated with outbursts[A]//Hargraves A J. The Occurrence and Control of Outbursts in Coal Mines. Symposium. The Australian I. M. M. Southern Queensland Branch[C]. Queensland: Plenum Publishing Corporation, 1980:111-125.

[27] Airey E M. Gas emission from broken coal: an experimental and theoretical investigation [J]. International Journal of Rock Mechanics and Mining Sciences,1968,5(4):475-494.

[28] Valliappan S,Zhang W H. Role of methane gas emission in coal outbursts[A]//Marinos, Koukis,Tslamnaos , Stournaras. International Proceedings of Symposium of IA EG-A thens'97, Engineering Geology and the Environment,A thens. Greece:Balkema Rotterdam, 1997:2549-2554.

[29] 张我华,金龑,陈云敏. 煤/瓦斯突出过程中的能量释放机理[J]. 岩石力学与工程学报,2000,19(增1):829-835.

[30] Evans I,Pomeroy C D. The compressive strength of coal[J]. Colliery Engineering, 1961, (38):75.

[31] Hobbs D W. The strength and stress-strain characteristics of coal in triaxial compression [J]. The Journal of Geology,1964,72(2):214-231.

[32] Bieniawaski Z T. The effect of specimen size on compression strength in coal[J]. International Journal of Rock Mechanics and Mining Sciences,1968,5(4):325-333.

[33] Atkinson R H,Ko H Y. Strength characteristics of US coal[A]//Proceedings of 18th. Symposium Rock Mechanics,Colorado School of Mines Press Golden,1977,(2B):3-1.

[34] Ettinger I L, Lamba E G. Gas medium in coal breaking process[J]. Fuel, 1957, 36: 298-302.

[35] Tankard H G. The effect of sorbed carbon dioxide upon the strength of coals[D]. Sydney: University of Sydney,1957.

[36] White J M. Mode of deformation of Rosebud coal, Colstrip, Montana:room temperature, 102. 0MPa[J]. International Journal of Rock Mechanics and Mining Sciences,1980,17(2): 129-130.

[37] 氏平增之. 瓦斯突出的机理与防治[R]. 日本北海道大学氏平增之来华讲学材料,1986.

[38] 王佑安. 在瓦斯介质中煤的强度降低及其变形的初步研究[A]. 抚顺煤岩所第一研究室,1964.

[39] 周世宁,林伯泉. 煤层瓦斯赋存与流动理论[M]. 北京:煤炭工业出版社,1999.

[40] 林柏泉,周世宁.含瓦斯煤体变形规律的实验研究[J].中国矿业大学学报,1986,(3):9-16.

[41] 姚宇平,周世宁.含瓦斯煤的力学性质[J].中国矿业大学学报,1988,(1):1-7.

[42] 鲜学福.煤与瓦斯突出潜在危险区的预测方法[R].煤与瓦斯突出预测资料汇编,煤炭科学研究总院重庆分院,1987.

[43] 许江,鲜学福,杜云贵,等.含瓦斯煤的力学特性的实验分析[J].重庆大学学报,1993,16(9):42-47.

[44] 尹光志.岩石力学中的非线性理论与冲击地压预测的研究[D].重庆:重庆大学,1999.

[45] 尹光志,王登科,张东明,等.两种含瓦斯煤样变形特性与抗压强度的实验分析[J].岩石力学与工程学报,2009,28(2):410-417.

[46] 章梦涛,潘一山,梁冰,等.煤岩流体力学[M].北京:科学出版社,1995.

[47] 梁冰.煤和瓦斯突出固流耦合失稳理论[M].北京:地质出版社,2000.

[48] 梁冰,章梦涛,王泳嘉.含瓦斯煤的内时本构模型[J],岩土力学,1995,(3):22-28.

[49] 梁冰,章梦涛,潘一山,等.瓦斯对煤的力学性质及力学响应影响的试验研究[J].岩土工程学报,1995,17(5):12-18.

[50] 梁冰,孙可明.低渗透煤层气开采理论及其应用[M].北京:科学出版社,2006.

[51] 张国华,梁冰.煤岩渗透率与煤与瓦斯突出关系理论探讨[J].辽宁工程技术大学学报,2002,21(4):414-417.

[52] 靳钟铭,赵阳升,贺军.含瓦斯煤层力学特性的实验研究[J].岩石力学与工程学报,1991,3(10):271-280.

[53] 赵阳升,胡耀青,赵宝虎,等.块裂介质岩体变形与气体渗流的耦合数学模型及其应用[J].煤炭学报,2003,28(1):41-45.

[54] 唐春安.岩石破裂过程中的灾变[M].北京:煤炭工业出版社,1993.

[55] 唐春安,王述红,傅宇方.岩石破裂过程数值试验[M].长春:吉林大学出版社,2002.

[56] 徐涛.煤岩破裂过程固气耦合数值试验[D].沈阳:东北大学,2004.

[57] 徐涛,唐春安,宋力,等.含瓦斯煤岩破裂过程流固耦合数值模拟[J].岩石力学与工程学报,2005,24(10):1667-1673.

[58] 李树刚,钱鸣高,石平五.煤样全应力应变过程的渗透系数-应变方程[M].煤田地质与勘探,2001,29(1):22-24.

[59] 李树刚,徐精彩.软煤样渗透特性的电液伺服试验研究[M].岩土工程学报,2001,23(1):68-70.

[60] 卢平,沈兆武,朱贵旺,等.含瓦斯煤的有效应力与力学变形破坏特性[J].中国科学技术大学学报,2001,31(6):686-692.

[61] Gash B W. Measurement of the rock properties in coalbed methane[A]//Proceedings of the 1991 SPE Annual Technical Conference & Exhibition,Dallas Texas USA,Oct. 6-9,1991:221-230.

[62] Puri R,Evanoff J C,Brulger M L. Measurement of coal cleat porosity and relative permeability characteristics[A]//SPE 21491,1993:257-269.

[63] Harpalani S,Pariti U M. Study of coal sorption isotherm using a multi-component gas mix-

ture[C]. 1993 International Coalbed Methane Symposium,Alabama,1993:321-337.

[64] Palmer I,Mansoori J. How permeability depends on stress and pore pressure in coalbeds:a new model[J]. SPE Reservoir Engineering,1998,1(6):539-543.

[65] Mavor M J,Vaughn J E. Increasing coal absolute permeability in the San Juan Basin fruit land formation[C]. SPE REE,1998.

[66] Levine J R. Model study of the influence of matrix shrinkage on absolute permeability of coal bed reservoirs[A]. Geological Society Publication,1996,(199):197-212.

[67] 林柏泉,周世宁.煤样瓦斯渗透率的实验研究[J].中国矿业大学学报,1987,(1):21-28.

[68] 彭担任,罗新荣,隋金峰.煤与岩石的渗透率测试研究[J].煤,1999,8(1):16-18.

[69] 谭学术,鲜学福,张广洋,等.煤的渗透性研究[J].西安科技学院学报,1994,(1):22-25.

[70] 刘保县,熊德国,鲜学福.电场对煤瓦斯吸附渗流特性的影响[J].重庆大学学报(自然科学版),2006,29(2):83-85.

[71] 易俊,姜永东,鲜学福.应力场、温度场瓦斯渗流特性实验研究[J].中国矿业,2007,16(5):113-116.

[72] 鲜学福,辜敏,杜云贵.变形场、煤化度和外加电场对甲烷在煤层中渗流的影响[J].西安石油大学学报(自然科学版),2007,22(2):89-91.

[73] 胡耀青,赵阳升,魏锦平.三维应力作用下煤体瓦斯渗透规律实验研究[J].西安科技学院学报,1996,16(4):308-311.

[74] 刘建军,刘先贵.有效压力对低渗透多孔介质孔隙度、渗透率的影响[J].地质力学学报,2001,7(1):41-44.

[75] 唐巨鹏,潘一山,李成全,等.有效应力对煤层气解吸渗流影响试验研究[J].岩石力学与工程学报,2006,25(8):1563-1568.

[76] 隆清明,赵旭生,孙东玲,等.吸附作用对煤的渗透率影响规律实验研究[J].煤炭学报,2008,33(9):1030-1034.

[77] 彭永伟,齐庆新,邓志刚,等.考虑尺度效应的煤样渗透率对围压敏感性试验研究[J].煤炭学报,2008,33(5):509-513.

[78] 周世宁,孙辑正.煤层瓦斯流动理论及其应用[J].煤炭学报,1965,2(1):24-36.

[79] 鲜学福.我国煤层瓦斯渗流力学的研究现状及进一步发展和应用的展望[R].重庆大学矿山工程物理研究所,1997:28-30.

[80] 孙培德.Sun模型及其应用研究[M].杭州:浙江大学出版社,2002.

[81] 赵阳升,秦惠增,白其峥.煤层瓦斯流动的固-气耦合数学模型及数值解法的研究[J].固体力学学报,1994,(1):49-57.

[82] 赵阳升,冯增朝,文再明.煤体瓦斯愈渗机理与研究方法[J].煤炭学报,2004,(3):293-297.

[83] Wu Y S,Pruess K,Persoff P. Gas flow in porous media with klinkenberg effects[J]. Transport in Porous Media,1998,32(1):117-137.

[84] 傅雪海.多相介质煤岩体(煤储层)物性的物理模拟与数值模拟[D].北京:中国矿业大学,2001.

[85] George J D,Barakat M A. The change in effective stress associated with shrinkage from gas

deportation in coal[J]. International Journal of Coal Geology,2001,45(2-3):105-113.

[86] Reucroft P J,Patel H. Gas-induced swelling in coal[J]. Fuel,1986,(65):816-820.

[87] Thomas J,Damberger H H. Internal surface area,moisture content and porosity Illinois coals-variations with rank[J]. Illinois State geology survey circular,1976,493:714-725.

[88] Levine J R. Coalification:the evolution of coal as source rock and reservoir rock for oil and gas[A]//Law B E. Rice D D. Hydrocarbons from coal. American Association of Petroleum Geologist, Studied in Geology,1993,(38):39-77.

[89] 陈金刚,张世雄,秦勇,等.煤基质收缩能力内在控制因素的试验研究[J].煤田地质与勘探,2004,32(5):26-28.

[90] Cui X,Bustin R M. Volumetric strain associated with methane desorption and its impact on coalbed gas production from deep coal seams[J]. AAPG Bulletin,2005,89(9):1181-1202.

[91] Wang G X,Wang Z T,Rudolph V,et al. An analytical model of the mechanical properties of bulk coal under confined stress[J]. Fuel,2007,(86):1873-1884.

[92] Pan Z,Connell L D. A theoretical model for gas adsorption-induced coal swelling[J]. International Journal of Coal Geology,2007,(69):243-252.

[93] Jahediesfanjani H,Civan F. Determination of multi-component gas and water equilibrium and non-equilibrium sorption isotherms in carbonaceous solids from early-time measurements[J]. Fuel,2007,(86):1601-1613.

[94] Lajtai E Z. Shear strength of weakness planes in rock[J]. International Journal for Rock Mechanics and Mining Science,1969,6(5):499-515.

[95] Jaeger J C. Friction of rocks and stability of rocks slopes[J]. Geotechnique,1971,21(2):97-134.

[96] Plesha M E. Constitutive models for rock discontinuities withdilatancy and surface degradation[J]. International Journal for Numerical and Analytical Methods in Geomechanics,1987,11(4):345-362.

[97] Jing L,Stephansson O,Nordlund E. Study of rock joints under cyclic loading conditions [J]. Rock Mechanics and Rock Engineering,1993,26(3):215-232.

[98] Wong R H C, Chau K T, Tsoi P M, et al. Pattern of coalescence of rock bridge between two joints under shear testing[A]//Vouile G,Ped B. The 9th International Congress on Rock Mechanics[C]. Paris:[s. n. ],1999:735-738.

[99] Lee H S,Park Y J,Cho T F,et al. Influence of asperity degradationon the mechanical behavior of rough rock joints under cyclic shear loading[J]. International Journal of Rock Mechanics and Mining Sciences,2001,38(7):967-980.

[100] Jafari M K,Hosseini K A,Pellet F,et al. Evaluation of shear strength of rock joints subjected to cyclic loading[J]. Soil Dynamics and Earthquake Engineering, 2003, 23(7):619-630.

[101] 余贤斌,周昌达.岩石结构面直剪试验下力学特性的研究[J].昆明工学院学报,1994,1(6):14-18.

[102] 徐松林,吴文. 直剪条件下大理岩局部化变形研究[J]. 岩石力学与工程学报,2002,21(6):766-711.

[103] 李海波,冯海鹏,刘博. 不同剪切速率下岩石节理的强度特性研究[J]. 岩石力学与工程学报,2006.25(12):2735-2440.

[104] 李银平,蒋卫东,刘江,等. 湖北云应盐矿深部层状盐岩直剪试验研究[J]. 岩石力学与工程学报,2007,26(9):1767-1772.

[105] 周秋景,李同春,宫必宁. 循环荷载作用下脆性材料剪切性能实验研究[J]. 岩石力学与工程学报,2007,26(3):573-579.

[106] 徐晓斌,秦晶晶. 某核电站强风化花岗岩原位直剪试验研究[J]. 工程勘察,2009,21(12):40-43.

[107] 李克钢,侯克鹏. 饱和状态下岩体抗剪切特性试验研究[J]. 中南大学学报,2009,40(2):538-542.

[108] 李志敬,朱珍德,朱明礼,等. 大理岩硬性结构面剪切蠕变及粗糙度效应研究[J]. 岩石力学与工程学报,2009,28(5):2605-2611.

[109] KawaKata H, Cho A, Yanagidani T, et al. The observations of faulting in Westerly granite under triaxial comp ression by X2ray CT scan[J]. International Journal of Rock Mechanics and Mining Sciences,1997,34(34):151-162.

[110] Hatzor Y H, Zur A, Mimran Y. Microstructure effects on microcracking and brittle failure of dolomites[J]. Tectonophysics,1997,281(3):141-161.

[111] 许江,李贺,鲜学福,等. 对单轴应力状态下砂岩微观断裂发展全过程的实验研究[J]. 力学与实践,1986,8(4):24-28.

[112] Zhao Y H. Crack pattern evolution and a fractal damage constitutive model for rock[J]. International Journal of Rock Mechanics and Mining Sciences,1998,35(3):349-366.

[113] Xie H P,Gao F. The mechanics of cracks and a statistical strength for rocks[J]. International Journal of Rock Mechanics and Mining Sciences,2000,37(3):477-488.

[114] 刘冬梅,龚永胜,谢锦平,等. 压剪应力作用下岩石变形破裂全程动态监测研究[J]. 南方冶金学院学报,2003,24(5):69-72.

[115] 刘延保. 基于细观力学试验的含瓦斯煤体变形破坏规律研究[D]. 重庆:重庆大学,2009.

[116] 于不凡. 煤和瓦斯突出机理[M]. 北京:煤炭工业出版社,1985.

[117] 霍多特 B B. 煤与瓦斯突出[M]. 北京:中国工业出版社,1966.

[118] 氏平增之. 煤与瓦斯突出机理的模型研究及其理论探讨[C]. 第 21 届国际煤矿安全研究会议论文集,1985.

[119] 氏平增之. 内部分か壓じよる多孔質材料の破壊づろやたついてか突出た關する研究[J]. 日本礦業會志,1984,(100):397-403.

[120] 丁晓良,俞善炳,丁雁生,等. 煤在瓦斯渗流作用下持续破坏的机制[J]. 中国科学(A 辑),1989,(6):600-607.

[121] 方健之,俞善炳,谈庆明. 煤与瓦斯突出的层裂-粉碎模型[J]. 煤炭学报,1995,20(2):149-153.

[122] 邓金封,栾永祥,王佑安.煤与瓦斯突出模拟试验[J].煤矿安全,1989,(11):5-10.

[123] 蒋承林.石门揭穿含瓦斯煤层时动力现象的球壳失稳机理研究[D].徐州:中国矿业大学,1994.

[124] 蒋承林.煤壁突出孔洞的形成机理研究[J].岩石力学与工程学报,2003,19(2):225-228.

[125] 孟祥跃,丁雁生,陈力,等.煤与瓦斯突出的二维模拟实验研究[J].煤炭学报,1996,21(1):57-62.

[126] 张建国,魏风清.含瓦斯煤的突出模拟试验[J].矿业安全与环保,2002,29(1):7-12.

[127] 蔡成功.煤与瓦斯突出三维模拟实验研究[J].煤炭学报,2004,29(1):66-69.

[128] 蔡成功.煤与瓦斯突出三维模拟理论及实验研究[C].瓦斯地质研究与应用-中国煤炭学会瓦斯地质专业委员会第三次全国瓦斯地质学术研讨会,2003.

[129] 郭立稳,俞启香,蒋承林,等.煤与瓦斯突出过程中温度变化的实验研究[J].岩石力学与工程学报,2000,19(3):366-368.

[130] 牛国庆,颜爱华,刘明举.煤与瓦斯突出过程中温度变化的实验研究[J].湘潭矿业学院学报,2002,17(4):20-23.

[131] 许江,陶云奇,尹光志,等.煤与瓦斯突出模拟试验台的研制与应用[J].岩石力学与工程学报,2008,27(11):2354-2362.

[132] 程明俊.煤渗透性能及煤与瓦斯突出过程模拟实验研究[D].重庆:重庆大学,2008.

[133] 张慧,李小彦,郝琦,等.中国煤的扫描电子显微镜研究[D].北京:地质出版社,2003.

[134] Gan H,Nandi S P,Walker P L. Nature of porosity in American coals[J]. Fuel,1972. 51(4):272-277.

[135] 郝琦.煤的显微孔隙形态特征及其成因探讨[J].煤炭学报,1987,(4):51-54.

[136] 张素新,肖红艳.煤储层中微孔隙和微裂隙的扫描电镜研究[J].电子显微学报,2000,19(4):531-532.

[137] 苏现波,陈江峰,孙俊民,等.煤层气地质学与探勘开发[M].北京:科学出版社,2001.

[138] Juntgen H. Research for future in situ conversion of coal[J]. Fuel,1987,66(4):443-453.

[139] 肖宝清.煤的孔隙特性与煤浆流变性关系的研究[J].世界煤炭技术,1994,(2):37-40.

[140] 刘常洪.煤孔结构特征的试验研究[J].煤矿安全,1993,(8):1-5.

[141] 秦勇,徐志伟,张井.高煤级煤孔径结构的自然分类及应用[J].煤炭学报,1995,20(3):266-271.

[142] 吴俊,金奎励,童有德,等.煤孔隙理论及在瓦斯突出和抽放评价中的应用[J].煤炭学报,1991,16(3):86-95.

[143] 陈萍,唐修义.低温氮吸附法与煤中微孔隙特征的研究[J].煤炭学报,2001,26(5):552-556.

[144] 傅雪海,秦勇.多相介质煤层气储层渗透率预测理论与方法[M].徐州:中国矿业大学出版社,2003.

[145] 胡千庭.煤与瓦斯突出的力学作用机理及应用研究[D].北京:中国矿业大学,2007.

[146] 冯增朝.低渗透煤层瓦斯强化抽采理论及应用[M].北京:科学出版社,2008.

[147] 俞启香.矿井瓦斯防治[M].徐州:中国矿业大学出版社,1992.

[148] Xie H. Fractal in rock mechanics[C]. Netherland: Balkema A. A. Rot terdam/ Brook-fild,1993:243-434.

[149] 康天合,赵阳升,靳钟铭.煤体裂隙尺度分布的分形研究[J].煤炭学报,1995,20(4):393-398.

[150] 天津大学物理化学教研室编.物理化学[M].北京:人民教育出版社,1979.

[151] Langmuir I. The constinltion and found mental Properties of solids and liquids[J]. Journal of the American Chemical Society,1916,38(2):221-295.

[152] Beamish B B,Crosdale J P. Instantaneous outbursts in underground coal mines:An over-view and association with coal type[J]. International Journal of Coal Geology,1998,35(1-4):27-55.

[153] SIGRA(tm) PTY LTD. Coal Mine Outburst Mechanism, Thresholds and Prediction Techniques[R]. Australian Coal Association Research Program,C14032,August,2006.

[154] 国家安全生产监督管理总局.防治煤与瓦斯突出规定[M].北京:煤炭工业出版社,2009.

[155] 许江,尹光志,鲜学福,等.煤与瓦斯突出潜在危险区预测的研究[M].重庆:重庆大学出版社,2004.

[156] 何满潮,谢和平,彭苏萍,等.深部开采岩体力学研究[J].岩石力学与工程学报,2005,24(16):2803-2813.

[157] Sommertom W J, Soylemezoglu I M, Dudley R C. Effect of stress on permeability of coal [J]. International Journal of Rock Mechanics and Mining Sciences,1975,12(2):129-145.

[158] Mckee C R, Bumb A C,Koenig R A. Stress-dependent permeability and porosity of coal and other geologic formations[J]. SPE Formation Evaluation,1988,3(1):81-91.

[159] Harpalani S,Schraufnagel R A. Shrinkage of coal matrix with release of gas and its impact on permeability of coal[J]. Fuel,1991,69(5):551-556.

[160] Harpalani S,Chen G. Gas slippage and matrix shrinkage effects on coal permeability[C]// Proceedings of the 1993 International Coal bed Methane Symposium. Tuscaloosa, AL, USA:University of Alabama,1993:285-294.

[161] Enever J R E,Henning A. The relationship between permeability and effective stress for Australian coal and its implications with respect to coalbed methane exploration and reser-voir model[C]// Proceedings of the 1997 International Coal bed Methane Symposium. Tuscaloosa, AL, USA:University of Alabama,1997:13-22.

[162] 彭担任.煤岩渗透率测定仪的研制与应用[J].煤矿机械,1995,(5):29-31.

[163] 程瑞端,陈海焱,鲜学福,等.温度对煤样渗透系数影响的试验研究[J].矿业安全与环保,1998,(1):13-16.

[164] Fairhurst C E, Hudson J A. 单轴压缩试验测定完整岩石应力-应变全程曲线 ISRM 建议方法草案[J].岩石力学与工程学报,2000,19(6):802-808.

[165] 尤明庆.岩石试样的杨氏模量与围压的关系[J].岩石力学与工程学报,2003,22(1):53-60.

[166] 李世平,吴振业,贺永年,等.岩石力学简明教程[M].北京:煤炭工业出版社,1996:12-21.

[167] 张流,王绳祖,施良骏. 我国六种岩石在高围压下的强度特性[J]. 岩石力学与工程学报,1985,4(1):10-19.

[168] 李天斌,王兰生. 卸荷应力状态下玄武岩变形破坏特征的试验研究[J]. 岩石力学与工程学报,1993,12(4):321-327.

[169] Wawersik W R,Fairhurst C. A study of brittle rock fracture in laboratory compression experiments[J]. International Journal of Rock Mechanics and Mining Sciences,1970,7(6):561-575.

[170] 姚孝新,耿乃光,陈颙. 应力途径对岩石脆性和延性的影响[J]. 地球物理学报,1980,23(3):312-319.

[171] 孟召平,彭苏萍,凌灿标. 不同侧压下沉积岩石变形与强度特征[J]. 煤炭学报,2000,25(1):15-18.

[172] 林卓英,吴玉山,关玲俐. 岩石在三轴压缩下脆一延性转化的研究[J]. 岩土力学,1992,13(2-3):46-53.

[173] 孟召平,彭苏平,傅继彤. 含煤岩系岩石力学性质控制因素探讨[J]. 岩石力学与工程学报,2002,21(1):102-106.

[174] 张广洋,许江,杜云贵,等. 煤层瓦斯压力对煤岩力学特性的影响[A]. 第二届全国青年岩石力学与工程学术研讨会论文集[C],1993:141-146.

[175] 何满潮. 深部开采工程岩石力学现状及其展望[A]. 第八次全国岩石力学与工程学术大会论文集[C],2004:88-94.

[176] 周建勋,王桂梁,邵震杰. 煤的高温高压实验变形研究[J]. 煤炭学报,1994,19(3):324-332.

[177] 姜波,秦勇,金法礼. 煤变形的高温高压试验研究[J]. 煤炭学报,1997,22(1):80-83.

[178] 马占国,茅献彪,李玉寿,等. 温度对煤力学特性影响的试验研究[J]. 矿山压力与顶板管理,2005,(3):46-48.

[179] 杨光,刘俊来,马瑞. 沁水盆地煤岩高温高压实验变形特征[J]. 吉林大学学报(地球科学版),2006,36(3):346-350.

[180] 张天军,许鸿杰,李树刚,等. 温度对煤吸附性能的影响[J]. 煤炭学报,2009,34(6):802-805.

[181] 孟巧荣,赵阳升,于艳梅,等. 不同温度下褐煤裂隙演化的显微CT试验研究[J]. 岩石力学与工程学报,2010,29(12):2475-2483.

[182] Goodman R E. 岩石力学原理及其应用[M]. 北京:水利电力出版社,1990.

[183] 蔡美峰. 岩石力学与工程[M]. 北京:科学出版社,2002.

[184] Hoek E,Brown E T. Practical estimates of rock mass strength[J]. International Journal of Rock Mechanics and Mining Sciences,1998,34(8):1165-1186.

[185] Drucker D C,Prager W. Soil mechanics and plastic analysis or limit design[J]. Quarterly of Applied Mathematics,1952,(10):157-165.

[186] 郑颖人,龚晓南. 岩土塑性力学基础[M]. 北京:中国建筑工业出版社,1989.

[187] 吴世跃,赵文. 含吸附煤层气煤的有效应力分析[J]. 岩石力学与工程学报,2005,24(10):

1674-1678.

[188] 高大钊,袁聚云,谢永利. 土质学与土力学[M]. 北京:人民交通出版社,2001.

[189] Boit M A. General theory of three-dimensional consolidation[J]. Journal of Applied Physics, 1941,12(2):155-164.

[190] Enever J R E,Henning A. The relationship between permeability and effective stress for Australian coal and its implications with respect to coal bed methane exploration and reservoir model[A]//Proceedings of the 1997 International Coal bed Methane Symposium[C]. Tuscaloosa, AL:University of Alabama,1997:13-22.

[191] Mavor M J,Gunter W D. Secondary porosity and permeability of coal vs. gas composition and pressure[J]. Society of Petroleum Engineers,2006, 9(2):114-125.

[192] Sahay N, Varma N K. Determination of air permeability of coal pillars in underground coalmines[J]. Journal of Mines,Metals and Fuels,2004,52(5-6):90-94.

[193] Smith D H, Bromhal G,Sams W N,et al. Simulating carbon dioxide sequestration/ECBM production in coal seams:Effects of permeability anisotropies and the diffusion-time constant[J]. SPE Reservoir Evaluation and Engineering,2005,8(2):156-163.

[194] 金大伟,赵永军. 煤储层渗透率复合因素数值模型研究[J]. 西安科技大学学报,2006,26(4):460-463.

[195] 孙立东,赵永军,蔡东梅. 应力场、地温场、压力场对煤层气储层渗透率影响研究——以山西沁水盆地为例[J]. 山东科技大学学报:自然科学版,2007,26(3):12-14.

[196] 彭守建,许江,陶云奇,等. 煤样渗透率对有效应力敏感性实验分析[J]. 重庆大学学报,2009,32(3):303-307.

[197] 贺玉龙,杨立中. 温度和有效应力对砂岩渗透率的影响机理研究[J]. 岩石力学与工程学报,2005,24(14):2420-2426.

[198] 傅雪海,李大华,秦勇,等. 煤基质收缩对渗透率影响的实验研究[J]. 中国矿业大学学报,2002,31(2):129-137.

[199] ASTM. Standard test method for permeability of rocks by flowing air, American society for the testing of materials[S]. U. S. A. :ASTM, 1990.

[200] Klinkenberg L J. The Permeability of poro us media to liquids and gases[J]. Drilling and Production Practice,API,1941:200-213.

[201] Yu S W,Pruess K, Persoff P. Gas flow in porous media with klinkenberg effects[J]. Transport in Porous Media,1998,(32):117-137.

[202] 李培超,孔祥言,卢德唐. 饱和多孔介质流固耦合渗流的数学模型[J]. 水动力学研究与进展,2003,18(4):419-426.

[203] Schwerer F C, Pavone A M. Effect of pressure dependen permeability on well-test analyses and long-term production of methane from coal seams[C]. The SPE Unconventional Gas Recovery Symposium. Pittsburgh Pennsylvania:SPE,1984.

[204] Haimson B,Chang C. A new true triaxial cell for testing mechanical properties of rock and its use to determine rock strength and deformability of Westerly granite[J]. International

Journal of Rock Mechanics and Mining Sciences,2000,(37):285-296.

[205] Labuz J F,Papamichos E. Preliminary results of plane strain testing of soft rocks[J]. Rock mechanics as a Multi-disciplinary science,Balkema,Rotterdam,1991.

[206] 杨卫. 细观力学和细观损伤力学[J]. 力学进展,1992,22(1):1-9.

[207] 王桂尧,孙宗颀. 岩石张拉与剪切断裂的比较[J]. 力学与实践,1996,18(1):13-14.

[208] 李银平,蒋卫东,刘江,等. 湖北云应盐矿深部层状盐岩直剪试验研究[J]. 岩石力学与工程学报,2007,26(9):1767-1772.

[209] 杜景灿,陈祖煌. 岩桥破坏的简化模型及在节理岩体中模拟网络中的应用[J]. 岩土工程学报,2002,24(4):421-426.

[210] 易顺民,朱珍德. 裂隙岩体损伤力学导论[M]. 北京:科学出版社,2005.

[211] 谢和平,Sanderson D J,Peacock D C P. 雁型断裂的分形模型和能量耗散[J]. 岩土工程学报,1994,16(1):1-7.

[212] Mandelbrot B B. The fractal geometry of nature[P]. American W. H. Freeman and Company,1983:25-30.

[213] 许江,陶云奇,李树春,等. 煤与瓦斯突出模拟实验台的改进及应用[J]. 岩石力学与工程学报,2009,28(9):1804-1809.

[214] 汪西海. 煤和瓦斯突出与地应力之关系[J]. 地质力学学报,1997,3(1):88-94.

[215] 罗康成. 地应力场对煤与瓦斯突出的控制作用[J]. 煤炭工程,2009,(8):95-97.

[216] 陶云奇. 含瓦斯煤 THM 耦合模型及煤与瓦斯突出模拟研究[D]. 重庆:重庆大学,2009.

[217] 许江,刘东,彭守建,等. 煤样粒径对煤与瓦斯突出影响的实验研究[J]. 岩石力学与工程学报,2010,29(6):1231-1237.

[218] 张波,盛和太. ANSYS 有限元数值分析原理与工程应用[M]. 北京:清华大学出版社,2005.

[219] 李东旭,周济元. 地质力学导论[M]. 北京:地质出版社,1986.

[220] 姜德义,任松,蒋再文,等. 华蓥山隧道地应力场分析[J]. 矿业安全与环保,2002,29(1):4-6.